大写解
高圧受電設備
―施設標準と構成機材の基本解説―

田沼 和夫 著

本書を発行するにあたって，内容に誤りのないようできる限りの注意を払いましたが，本書の内容を適用した結果生じたこと，また，適用できなかった結果について，著者，出版社とも一切の責任を負いませんのでご了承ください．

本書は，「著作権法」によって，著作権等の権利が保護されている著作物です．本書の複製権・翻訳権・上映権・譲渡権・公衆送信権（送信可能化権を含む）は著作権者が保有しています．本書の全部または一部につき，無断で転載，複写複製，電子的装置への入力等をされると，著作権等の権利侵害となる場合があります．また，代行業者等の第三者によるスキャンやデジタル化は，たとえ個人や家庭内での利用であっても著作権法上認められておりませんので，ご注意ください．

本書の無断複写は，著作権法上の制限事項を除く，禁じられています．本書の複写複製を希望される場合は，そのつど事前に下記へ連絡して許諾を得てください．

出版者著作権管理機構
（電話 03-5244-5088, FAX 03-5244-5089, e-mail: info@jcopy.or.jp）

JCOPY ＜出版者著作権管理機構 委託出版物＞

まえがき

　電気は現代社会に欠くことのできないエネルギーであり、電気がなければ我々の生活は成り立ちません。しかし、電気は本来危険なものであり、その取扱いを誤れば事故や重大な災害をもたらすおそれがあります。

　この電気を安全にかつ安定的に供給するためには、電気設備の保守管理を確実に実施する必要があります。機器の劣化状態や異常の前兆を把握して、事故が起こる前に適切に対応しなければなりません。この保守管理の要は電気技術者であり、その役割は極めて重大です。

　しかし、電気設備の保守管理技術の習得は、単なる知識だけでなく経験により体感するところが大きく、入門者には理解しにくいものになっています。知識と実務の間には大きな隔たりがあり、実際の設備を見たり操作したことのない方にはハードルが高いものがあります。

　本書は、高圧受電設備の保守管理に従事されている電気技術者やこれから従事されようとしている方々の実務に役立つことを目的に執筆したものです。従来の参考書と異なり、実際に高圧受電設備で使用している機器や材料などの写真や図を多く取り入れて、目で見て理解できるように構成されています。実際の機器の構造はどうなっているのか、操作はどのように行うのかなど、実務で実施する内容を写真や図で具体的に解説しています。また、保守管理についても、どこをどのように点検すればよいのか、点検のポイントはなにかなども写真があるのでよくわかります。

　さらに、事故例なども載せていますので、事故が発生するとどうなるのか、事故を起こさないためにはどうすればよいのかなど実践的な内容も理解できるようになっています。このため、高圧受電設備の設計や施工に従事されている方々にも役立つものと考えています。

　機器は必ず劣化するものであり、故障するものです。高圧受電設備の事故により、突然の停電や波及事故を起こさないために、本書が役立つことを願います。

2017年1月

　　　　　　　　　　　　　　　　　　　　　　　　　　　田沼　和夫

大写解 高圧受電設備
― 施設標準と構成機材の基本解説 ―

目次

＊参考文献／引用文献／電気技術規程／日本工業規格／関係団体規格等 ··· vii

第1編 高圧受電設備の基本構成 ······················· 1

1・1 高圧受電設備の形態 ································· 2
1 高圧受電設備とは ／ 2 高圧受電設備の種類 ／
3 設置場所の種類

1・2 受電方式 ······································· 12
1 高圧受電方式の種類

1・3 主遮断装置 ····································· 14
1 保護協調の必要性 ／ 2 主遮断装置の種類 ／
3 受電設備容量の制限

1・4 責任分界点と区分開閉器 ·························· 18
1 責任分界点とは ／ 2 責任分界点の決定 ／ 3 区分開閉器

1・5 高圧受電設備への引込方式 ······················· 22
1 架空引込 ／ 2 地中引込

1・6 開放形受電設備 ································· 32
1 受電室 ／ 2 屋外に施設する受電設備

1・7 キュービクル式受電設備 ·························· 39
1 規格とその概要 ／ 2 屋内設置キュービクル ／
3 屋外設置キュービクル ／ 4 屋外設置キュービクルに至る通路

1・8 標準施設 ······································· 49
1 受電設備の結線の原則 ／ 2 標準結線

1・9 高圧受電設備の構成機器 ·························· 58

第2編 高圧受電設備の構成機器と材料 ……… 63

2・1 区分開閉器 ……… 64
1 区分開閉器の種類 ／2 区分開閉器の構造 ／
3 区分開閉器の定格と選定 ／4 耐塩じん汚損性能 ／
5 雷害対策 ／6 保護機能 ／7 区分開閉器のハンドル操作 ／
8 区分開閉器の事故

2・2 引込ケーブル ……… 80
1 高圧CVケーブルの種類 ／2 高圧CVケーブルの構造 ／
3 高圧CVケーブルの選定 ／4 端末処理(終端接続) ／
5 ケーブルの劣化 ／6 絶縁診断

2・3 電線・がいし類 ……… 96
1 電　線 ／2 銅　棒 ／3 がいし

2・4 電力需給用計量装置 ……… 102
1 電力需給用計量装置とは ／2 取り扱い

2・5 断路器(DS) ……… 104
1 断路器とは ／2 断路器の種類 ／3 断路器の構造 ／
4 断路器の操作 ／5 断路器の保守点検

2・6 遮断器(CB) ……… 109
1 高圧遮断器とは ／2 高圧遮断器の種類 ／
3 真空遮断器の外観と真空バルブ ／4 真空遮断器の動作 ／
5 真空遮断器の定格 ／6 油遮断器 ／7 保　守

2・7 高圧交流負荷開閉器(LBS) ……… 123
1 高圧交流負荷開閉器とは ／2 高圧交流負荷開閉器の構造 ／
3 高圧交流負荷開閉器及び限流ヒューズの定格 ／
4 高圧交流負荷開閉器の開閉機構 ／
5 高圧交流負荷開閉器の動作 ／
6 高圧交流負荷開閉器の保守管理

2・8 高圧カットアウト(PC) ……… 134
1 高圧カットアウトとは ／2 高圧カットアウトの構造 ／
3 ヒューズ ／4 保守管理

2・9 変圧器(T) ……… 139
1 変圧器とは ／2 変圧器の種類 ／3 変圧器の構造 ／
4 変圧器の定格 ／5 絶縁油の保守管理

2・10 高圧進相コンデンサ設備 …………………………………… 154
1 力率改善 ／2 設置箇所 ／3 進相コンデンサの構造 ／
4 開閉装置 ／5 直列リアクトル ／6 保守管理

2・11 避雷器(LA) ………………………………………………… 166
1 高圧受電設備の雷被害 ／2 避雷器の役割 ／3 避雷器の設置 ／
4 避雷器の動作 ／5 避雷器の構造 ／6 避雷器の定格 ／
7 避雷器の接地 ／8 避雷器の保守

2・12 計器用変成器・指示計器 …………………………………… 174
1 計器用変成器とは ／2 計器用変圧器(VT) ／3 変流器(CT) ／
4 零相変流器(ZCT) ／5 零相計器用変圧器(ZVT)

2・13 保護継電器 ……………………………………………………… 186
1 種類と動作 ／2 過電流継電器(OCR) ／3 地絡継電器(GR) ／
4 地絡方向継電器(DGR) ／5 不足電圧継電器(UVR)

2・14 接地装置 ………………………………………………………… 196
1 役割と種類 ／2 接地装置

2・15 非常用発電機 …………………………………………………… 201
1 非常用発電機の役割 ／2 非常用発電機の種類 ／
3 発電設備の構成 ／4 発電設備の保守点検

2・16 直流電源装置 …………………………………………………… 211
1 直流電源装置とは ／2 システム構成 ／3 直流電源装置の構成

コラム
柱上式受電設備……11 ／配電方式と配電電圧……13
真空遮断器……17 ／自家用電気設備……21
キュービクル……48 ／特殊使用状態……57
過電流継電器……61 ／区分開閉器への水分浸入……79
国産がいし……101 ／トラッキング……122
励磁突入電流抑制機能付きLBS……133
高圧カットアウトのヒューズ……138 ／力率と電気料金……165
デジタル形保護継電器……195

＊索　引………………………………………………………………… 216

参考文献／引用文献／電気技術規程／日本工業規格／関係団体規格等

（下記の規程、規格等を参考にさせていただきました。）

（一般社団法人　日本電気協会）

電気技術規程－JEAC
- JEAC　8011-2014　　　高圧受電設備規程

（一般社団法人　日本規格協会）

日本工業規格－JIS
- JIS C 1731-1（1998）　計器用変成器－（標準用及び一般計測用）第1部：変流器
- JIS C 1731-2（1998）　計器用変成器－（標準用及び一般計測用）第2部：計器用変圧器
- JIS C 2320（2010）　　電気絶縁油
- JIS C 3653（2004）　　電力用ケーブルの地中埋設の施工方法
- JIS C 3814（1994）　　屋内ポストがいし
- JIS C 3821（1992）　　高圧ピンがいし
- JIS C 3824（1992）　　高圧がい管
- JIS C 3826（1994）　　高圧耐張がいし
- JIS C 3851（2012）　　屋内用樹脂製ポストがいし
- JIS C 4306（2012）　　配電用6kVモールド変圧器
- JIS C 4601（1992）　　高圧受電用地絡継電装置
- JIS C 4602（1986）　　高圧受電用過電流継電器
- JIS C 4603（1990）　　高圧交流遮断器
- JIS C 4304（2013）　　配電用6kV油入変圧器
- JIS C 4604（1988）　　高圧限流ヒューズ
- JIS C 4605（1998）　　高圧交流負荷開閉器
- JIS C 4606（2011）　　屋内用高圧断路器
- JIS C 4607（1999）　　引外し形高圧交流負荷開閉器
- JIS C 4608（2015）　　6.6kVキュービクル用高圧避雷器
- JIS C 4609（1990）　　高圧受電用地絡方向継電装置
- JIS C 4620（2004）　　キュービクル式高圧受電設備
- JIS C 4902-1（2010）　高圧及び特別高圧進相コンデンサ並びに附属機器－第1部：コンデンサ
- JIS C 4902-2（2010）　高圧及び特別高圧進相コンデンサ並びに附属機器－第2部：直列リアクトル

- JIS C 4902-3(2010)　　　高圧及び特別高圧進相コンデンサ並びに附属機器
　　　　　　　　　　　　　－第3部；放電コイル
- JIS C 8704-1(2006)　　　据置鉛蓄電池－一般的要求事項及び試験方法－
　　　　　　　　　　　　　第1部：ベント形
- JIS C 8704-2-1(2006)　　据置鉛蓄電池－第2－1制御弁式－試験方法
- JIS C 8704-2-1(2006)　　据置鉛蓄電池－第2－2制御弁式－要求事項
- JIS C 8706(2006)　　　　据置ニッケル・カドミウムアルカリ蓄電池

（一般社団法人　日本電機工業会）
- 「受電設備の保全に関するアンケート調査」報告書
- JEM 1425-2001　　　　金属閉鎖形スイッチギヤ及びコントロールギヤ
- JEM TR-174-2012　　　高圧交流遮断器の保守・点検指針
- JEM TR-178-1991　　　高圧断路器の保守・点検指針

（一般社団法人　日本電線工業会）
日本電線工業会規格：JCS
- JCS 0168-3　　　　　　3.3kV以下電力ケーブルの許容電流計算
　　　　　　　　　　　　第3部：高圧架橋ポリエチレンケーブルの許容電流

（一般社団法人　電気学会）
電気規格調査会規格：JEC
- JEC-1201(2007)　　　　計器用変成器（保護継電器用）
- JEC-2310(2014)　　　　交流遮断器及び接地開閉器
- JEC-2374(2015)　　　　酸化亜鉛形避雷器

第1編
高圧受電設備の基本構成

1・1　高圧受電設備の形態
1・2　受電方式
1・3　主遮断装置
1・4　責任分界点と区分開閉器
1・5　高圧受電設備への引込方式
1・6　開放形受電設備
1・7　キュービクル式受電設備
1・8　標準施設
1・9　高圧受電設備の構成機器

1・1 高圧受電設備の形態

1 高圧受電設備とは

（1） 電気エネルギー

　電気エネルギーは、その利用・制御のしやすさ、安全性等から、我々の生活や産業活動にとって必要不可欠なエネルギーとなっています。電車、エレベータ、パソコン、テレビ、照明など多くの機器は電気がなければ使用でき

写真 1・1-1 ●電気使用機器（照明）

写真 1・1-2 ●電気使用機器（電動機）

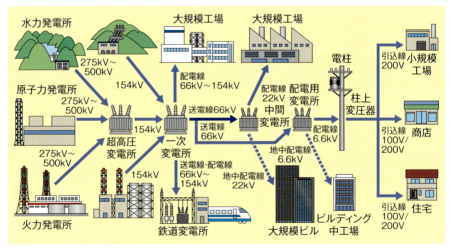
図 1・1-1 ●発電所から需要場所への電気の流れ
（出典）電気事業連合会「電気事業のデータベース（INFOBASE）」

ません(**写真1・1-1**、**写真1・1-2**)。この電気エネルギーは、原子力・火力・水力などの発電所で発電されたものです。

それぞれの発電所で発電された電力は、**図1・1-1**のように275kVや500kVに昇圧され、各種の送電線・変電所・配電線などを通じてビル・病院・学校・家庭などの需要家に供給されます。

供給される電圧は需要家の規模・用途に応じたものとなり、中小のビル・工場では6.6kVが一般的ですが、電力需要が大きい大規模な施設では、より大きな電力を効率的に送電する必要性から、6.6kVではなく22kV〜77kVの電力が供給されます。また、一般家庭においては、電柱の上に設置されている変圧器によって6.6kVから100〜200Vに変換して供給されます。

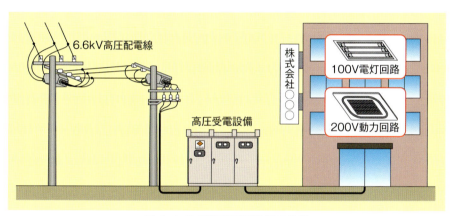

図1・1-2 ●高圧受電設備の位置

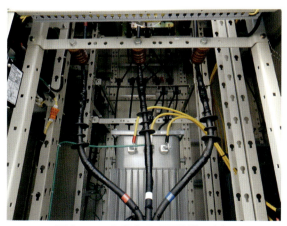

写真1・1-3 ●高圧受電設備の内部

（2） 高圧受電設備

高圧受電設備とは、電力会社から供給された高い電圧（6.6kV）を、電気機器に必要とされる100Vや200Vなどの電圧に降圧し、分配するための電気設備のことです（図1・1-2）。

この高圧受電設備には**写真1・1-3**のように、変圧器以外にも、各種開閉器、保護装置など様々な機器が使用されています。

高圧受電設備は、我々に必要不可欠な電気を安定的に供給するという、重要な役割を担っています。最近は、高度情報化社会の進展によって、高圧受電設備には高い信頼性を要求されることが多くなってきました。しかし、同時にイニシャルコスト、ランニングコストを含めた、トータルとしてのコスト低減も求められています。

（3） 高圧受電設備に求められるもの

①信頼性・安全性

信頼性、安全性は高圧受電設備にとって最も重要な項目です。長期にわたって使用される高圧受電設備は、計画・設計時から使用環境に耐え得る高品質・高信頼性の機器をあらかじめ選択しておく必要があります。

ただし、**図1・1-3**のように、機器は必ず劣化しますので計画的な更新が必要です。**表1・1-1**は、各種機器の更新推奨時期です。

また、万が一の事故、例えば短絡・地絡などの事故が発生した際にも影響を最小限に留めるような対策を行っておく必要があることはいうまでもありません。

特に、高電圧は人命にかかわる事故につながる可能性も高く、そうした部

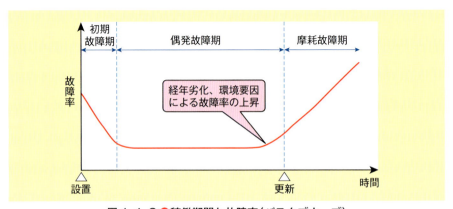

図1・1-3 ●稼働期間と故障率（バスタブカーブ）

表 1・1-1 ●更新推奨時期

機器名称	更新推奨時期〔年〕	使用者の平均更新期待年数〔年〕*
高圧交流負荷開閉器	屋内 15、屋外 10	24.9
断路器	20	25.2
真空遮断器	20	25.5
計器用変成器	15	26.3
避雷器	15	—
油入変圧器	20	27.6
モールド変圧器	20	27.1
限流ヒューズ	屋内 15、屋外 10	16.2
コンデンサ、リアクトル	15	23.2
保護継電器	15	18.2

(注)＊：(一社)日本電機工業会「受変電設備の保全に関するアンケート調査」報告書(平成 15 年 3 月)より

写真 1・1-4 ●保守点検状況

分は人が容易に触れることができないよう構造的な対策をとる、といったことも必要です。

② 保守性

保守を行うに当たっては、それに必要なスペースを十分確保することが求められますが、一方で省スペースに収めなければならないというニーズも存在します。

これを両立させるために、計画・設計段階からこれらを織り込んでおく必要があります。

表1・1-2 ●各種保守点検の内容

点検種別	点検内容
日常点検	運転中のキュービクルを、1日～3カ月程度の周期で携帯用測定器や点検者の五感により点検する。通電中の点検になるので、外観からの点検になる。主として機器の損傷、汚損、ゆるみ、変色などを正常な状態に対する変化としてとらえる。もし、異常を発見すれば、必要に応じて臨時点検を実施する。
定期点検	比較的長期間（1年程度）の周期で、通常は停電して、目視、測定器などにより点検、測定及び試験を行う。通電中の点検である日常点検では、十分点検できない部分を点検する。
精密点検	長期間（3年程度）の周期で停電して、目視、測定器などにより点検、測定及び試験を行う。また、必要に応じて分解などを行い技術基準に適合しているか、異常がないか確認する。特別な測定器を使用するものがあるので、多くの費用と労力を必要とするので、費用対効果を考慮して点検項目を選定する。
臨時点検	電気事故その他異常が発生したとき、あるいは異常が発生するおそれがあると判断したときの点検で、次のような場合に行う。 • 日常点検、定期点検などで異常を発見した場合 • 事故（地絡、短絡、火災等）が発生した場合 • 定格、仕様条件を逸脱して使用したとき、その他無理な使い方をした場合 • 類似の他の機器に故障が発見され同種故障のおそれのある場合 • 台風時、雷多発時、高温高湿時、地震発生時等、異常な自然現象が生じた場合

　特にキュービクル式は、開放形よりも保守スペースの面においては劣る部分がありますが、保守性を考慮した機器の配置や盤面の構成を行うことで、省スペースと保守性の高さを同時に実現する必要があります。

　設備の信頼性を維持するためには、定期的な点検を実施することが重要です（**写真1・1-4**）。適切な点検により、劣化状況の早期発見や老朽設備の改修・更新の実施時期の判断が可能となります。**表1・1-2**に、各種点検の種類と内容を示します。

③ 将来計画

　高圧受電設備は、当然負荷が必要とする電力の容量に応じて計画・設計されますが、将来需要が増加することが見込まれる、あるいはその可能性が高い場合は、あらかじめ拡張性を持った上で設備を用意しておくことが重要です。

　キュービクル式は、必要な機器が箱に内蔵されているため拡張性が低いように思われますが、需要増加に対応すべく**図1・1-4**のように、あらかじめ機器を設置できるスペースを確保することは可能です。

　なお、開放形は拡張性が高いものとなりますが、この開放形においても設

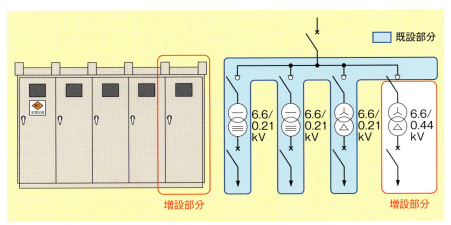

図 1・1-4 ●変圧器増設例

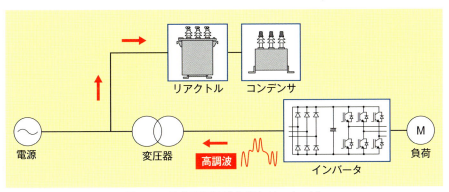

図 1・1-5 ●高調波発生源（インバータ）

置スペースが無限にあるわけではなく、計画性のない拡張はコスト増大にもつながりますので、考え得る範囲で将来の増設や更新が容易にできるようにしておくべきです。

④ 環境配慮・高調波対策

　高圧受電設備には騒音や振動を発生する機器も存在するので、周囲環境を考慮した上で防音などの対策を講じる必要があります。

　また、状況によっては図 1・1-5 のように、インバータ等から発生する高調波などについても、対策を講じる必要があります。

⑤ 経済性

　高圧受電設備は安全性・信頼性が高いことが要求されることはいうまでもありませんが、同時に経済性・コスト面も重要です。

経済性は大きくイニシャルコストとランニングコストに分けられますが、イニシャルコストについては機器の購入価格の他、設置費用・配線の引込工事による労務費なども含まれます。また、ランニングコストについては運転経費だけでなく、保守費や修繕費も必要となります。

したがって、経済性を考える場合は、単に機器の購入価格で比較するのではなく、建設から廃止解体費用までのすべての費用（ライフサイクルコスト）を考慮して、最も経済的な高圧受電設備を計画する必要があります。

2 高圧受電設備の種類

高圧受電設備には様々な形態がありますが、大きく分類すると、**開放形**の高圧受電設備と、**キュービクル式**高圧受電設備の二つに分けることができます。

（1） 開放形高圧受電設備

開放形高圧受電設備とは、パイプフレームに、断路器、遮断器、計器用変成器、がいし、母線などの高圧機器を取り付けたもので、屋外だけはなく屋内にも設置されます（写真1・1-5）。

最近は、設置スペースやコストとの関係から、後述するキュービクル式高圧受電設備を採用するケースが増えています。このため、新設の開放形高圧受電設備は少なくなっています。開放形高圧受電設備はキュービクル式高圧受電設備に比べて、次のような特徴があります。

● 機器や配線を直接目視により点検することができ、日常点検が容易であ

写真1・1-5 ●開放形高圧受電設備

写真1・1-6 ●キュービクル式高圧受電設備

る。
- 機器や配電盤などの入れ替えや増設が容易である。
- キュービクル式高圧受電設備に比べて、広い面積を必要とする。
- 充電部が露出しているため、点検時等に危険性が高い。
- 屋外式の場合、腐食性ガスや塩害など外部環境の影響を受けやすい。
- 据付工事や配線工事を現地で実施するので、工期が長くかつ熟練を要する。

(2) キュービクル式高圧受電設備

キュービクル式高圧受電設備とは、仕切った小部屋を意味する「キュービクル(cubicle)」と呼ばれる金属製の箱(部屋)に、高圧受電設備に必要な機器一式を収納したものです(写真1・1-6)。一般の工場やビルなどで広く使用されています。なお、日本工業規格 JIS C 4620 では、高圧受電設備としてのキュービクルを「高圧の受電設備として使用する機器一式を金属箱内に収めたもの」と定義しています。

JIS C 4620 で規定するのは、公称電圧 6.6 kV、系統短絡電流 12.5 kA 以下、受電設備容量 4 000 kVA 以下のキュービクルです。ただし、これらの電圧・電流・容量以上のものでも、金属製の箱に収納されている受変電設備は一般にキュービクルと呼ばれています。

キュービクル式高圧受電設備には、次のような特徴があります。
- 充電部がすべて接地された金属製の箱に収納されているため、感電事故や機器の故障による火災事故等が少ないので、安全性が高い。

- 据付面積が少ない。
- 機器の構成を簡素化したものが多く、保守点検が比較的容易である。
- メーカーの工場で組み立てられて現地に搬入されるため、信頼性が高く、工期が短い。

3 設置場所の種類

　高圧受電設備の設置場所には、大きく分けて屋内と屋外とがあります。また、屋外には地上、屋上、柱上とがあります。表1・1-3に、受電設備ごとの設置場所の種類を示します。

（1）屋　内（写真1・1-7）

　建物内に設置する方式です。信頼性が高く、点検も容易ですが、建設費が高くなります。屋内に電気室を設けると、それだけ建築面積や延床面積が増加し、事務所ビルなどではレンタブル比（延床面積に占める収益部分の面積

表1・1-3●高圧受電設備の設置場所

高圧受電設備	開放形	屋内	
		屋外	地上
			屋上
			柱上
	キュービクル式	屋内	
		屋外	地上
			屋上

写真1・1-7●屋内設置

写真 1・1-8 ●屋外設置

比率）の低下を引き起こすことになります。このため、地価が高く需要密度の高い地域では、地下室に設置する場合もあります。この場合は、浸水対策などを考慮する必要があります。

（2） 屋　外（写真 1・1-8）

建物外に設置する方式です。風雨、落雷、潮風、直射日光など過酷な自然環境の影響を受けるため、適切な保守点検を実施して、事故の未然防止に努めることが必要です。また、寒冷地や多雪地帯では、積雪にも配慮しなければなりません。

コラム 1　柱上式受電設備　　　　　　　　　　　　　　　column

　最近ではあまり見かけませんが、高圧受電設備の設置方式に、柱上式と呼ばれるものがあります。これは、写真のように電柱2本（H柱という）の間に架台を作成して、その上に変圧器やコンデンサなどの機器を設置するものです。

　柱上式受電設備は、設置スペースが少なく費用も安いが、高所にあるので保守点検が難しいという欠点があります。このため、地域の状況や使用目的を考慮して、他の方式の採用が困難な場合に使用する方式です。設備容量も100kVA以下に制限されています。

1・2 受電方式

1 高圧受電方式の種類

　高圧受電設備には、1回線受電方式と2回線受電方式とがあります。ほとんどの高圧受電設備は1回線受電方式ですが、特に重要な施設では2回線受電方式を採用する場合があります。図1・2-1に、受電方式の分類を示します。

(1)　1回線受電方式

　1回線受電方式には、図1・2-2に示すように各需要家が配電線から分岐して受電するT分岐方式と専用線方式とがあります。T分岐方式は、他の需要家の電気的障害の影響を受けやすいという欠点がありますが、通常はこの方式が採用されます。

　一方、専用線方式はT分岐方式に比べ、信頼度及び安定性は向上しますが、

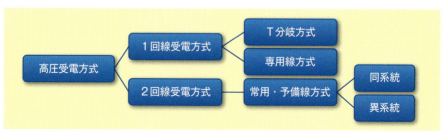

図1・2-1 ●高圧受電方式の分類

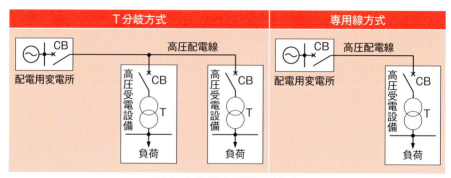

図1・2-2 ● 1回線受電方式

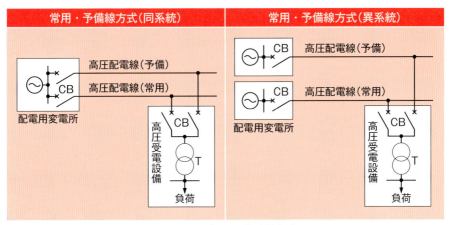

図1・2-3 ● 2回線受電方式

工事費負担金が多くなり、一般的な方式ではありません。なお、フリッカ対策として専用線方式とする場合があります。

(2) 2回線受電方式

2回線受電方式には、図1・2-3に示すように常用・予備線方式（同系統又は異系統）があります。2回線受電方式は、常用線停電時には予備線から受電できるため、1回線受電方式に比べ供給信頼度は高くなります。特に、異系統常用・予備線方式は、常用線と予備線の電力をそれぞれ異なる変電所から供給するので、同系統より信頼度が高くなります。

コラム2　配電方式と配電電圧　　column

　国内の配電線は、1887年（明治20年）の東京電燈による直流3線式105/210Vが最初です。その後、様々な配電方式や配電電圧が採用されてきました。大正時代になって、高圧配電線に三相3線3.3kVが採用され、昭和30年代まで続きました。しかし、戦後の高度成長に伴う電力需要増加対策として、1959年（昭和34年）に配電電圧を3.3kVから6.6kVに昇圧することになりました。

　昇圧への移行中、過渡的に受電設備に6/3kV共用の機器が施設されましたが、現在は6.6kV受電が標準となっています。また、都市部では、ビルの大型化、高度化による需要電力の増大に伴い、受電電圧22kV、33kV、66kV、77kVなどの特別高圧受電も採用されるようになりました。

1・3 主遮断装置

1 保護協調の必要性

　高圧受電設備規程（JEAC 8011）では、「保安上の責任分界点の負荷側電路には、責任分界点に近い箇所に主遮断装置を施設すること。」、「主遮断装置は、電路に過電流及び短絡電流を生じたときに自動的に電路を遮断する能力を有するものであること。」となっています。

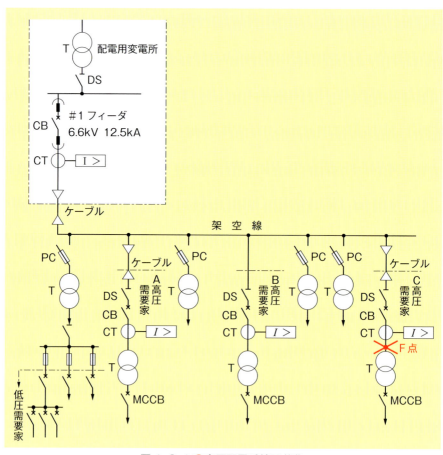

図1・3-1 ●高圧配電系統図（例）

これは、主遮断装置により高圧受電設備の電線や機器を保護し、過電流等による波及事故を防止することが目的です。

　図1・3-1は低圧需要家や高圧需要家（A～C）とが混在している高圧配電系統の例です。このような配電系統において、例えばC高圧需要家のF点で事故が発生した場合、C高圧需要家の主遮断装置(受電用遮断器)と配電用変電所の送り出し遮断器との間で動作協調がとれていないと、C高圧需要家の受電用遮断器よりも先に、配電用変電所の送り出し遮断器が動作し、A高圧需要家、B高圧需要家及び低圧需要家も停電してしまいます。

　高圧需要家は、他需要家へ迷惑を及ぼさないために、主遮断装置を施設して配電用変電所との保護協調を図る必要があります。

2 主遮断装置の種類

　高圧受電設備の保護方式は、主遮断装置の種類により「CB形」と「PF・S形」に分けられます。

（1）　CB形(写真1・3-1)

　主遮断装置として、高圧交流遮断器を使用し、過電流継電器、地絡継電器などと組み合わせて、過負荷、短絡、地絡、その他の事故時の保護を行う方式です。

　保護精度が高く、選択遮断も可能なので、重要度の高い設備あるいは規模

写真1・3-1 ● CB形主遮断装置

写真 1・3-2 ● PF・S 形主遮断装置

の大きい設備に用いられます。現在では遮断器の種類はほとんどが真空遮断器（VCB）ですが、古い設備では油入遮断器（OCB）も使われています。また、CB 形は保守点検時の安全確保のため、CB の電源側に断路器（DS）を設置します。

（2） PF・S 形（写真 1・3-2）

限流ヒューズと高圧交流負荷開閉器とを組み合わせて保護を行う方式です。過負荷、地絡保護を必要とする場合は、引外し装置付きの負荷開閉器を使用します。限流ヒューズとの保護協調を考慮し、負荷開閉器は必要な遮断能力を持ったものにします。

ヒューズを使用するため CB 形に比べて経済的なので、比較的小規模（受電設備容量 300 kVA 以下）の設備に使用されます。保守点検時には高圧交流負荷開閉器（LBS）を開放するので、CB 形のように断路器（DS）は必要ありません。

また、主遮断装置として非限流ヒューズを使用する場合は、限流効果を期待できないので、設備の短時間耐量について十分注意しなければなりません。

3 受電設備容量の制限

受電設備容量は、主遮断装置の形式及び受電設備方式により、表 1・3-1 のようになります。

表 1・3-1 ●受電設備容量

受電設備方式	主遮断装置の形式			CB 形〔kVA〕	PF・S 形〔kVA〕
箱に収めないもの*1	屋外式		屋上式	制限なし	150
			柱上式	—	100*2
			地上式	制限なし	150
	屋内式			制限なし	300
箱に収めるもの	キュービクル*3			4 000	300
	上記以外のもの*4			制限なし	300

(注) *1 施設場所において組み立てられる受電設備を指し、一般的にパイプフレームに機器を固定するもの(屋上式、地上式、屋内式)やH柱を用いた架台に機器を固定するもの(柱上式)がある。

*2 柱上式は、保守点検に不便なので、他の方式を使用することが困難な場合に限り使用すること。

*3 箱に収めるものの中のキュービクルは、JIS C 4620「キュービクル式高圧受電設備」に適合するもの。

*4 上記以外のものは、JIS C 4620「キュービクル式高圧受電設備」に準じるもの、又は、JEM 1425「金属閉鎖形スイッチギヤ及びコントロールギヤ」に適合するもの。

コラム3 真空遮断器 column

　現在、高圧受電設備の主遮断装置の遮断器はほとんどが真空遮断器です。

　真空が遮断器の消弧媒体となることはイギリスで発見され、特許登録されたのは1893年(明治26年)です。しかし、当時は、高真空技術が確立していなかったため、長い間製品化できませんでした。

　約70年の空白期間を経て、1963年(昭和38年)にアメリカのGE社により最初の真空遮断器が作られました。

　日本ではその2年後の1965年(昭和40年)に、7.2kV、400A、8kAの製品が作られました。開発当初から、真空の強力な消弧作用によるサージの発生が知られており、真空遮断器にはサージアブソーバが併用されていました。その後、材料技術や冶金技術の改良により低サージ化に成功し、現在では7.2kV、1 200A、40kAまで実用化されています。

1・4 責任分界点と区分開閉器

1 責任分界点とは

　責任分界点とは、その文字の通り責任を分けている点のことで、電気設備の維持管理において、**電力会社と需要家の保安上の責任範囲を分けている点**（場所）をいいます。

　自家用電気設備は、需要家自身が維持管理して電気の安全を確保する、いわゆる自主保安が原則となっていますので、このように責任の範囲を明確にすることが重要となります。

　分界点には、責任分界点だけでなく電気工作物の**資産上の分界点**（電力会社と需要家の資産の境界）もあります。通常はこれらの分界点は、一致しているため、単に責任分界点といっても問題はありません。しかし、施設形態によっては、保安上の分界点と資産上の分界点とが異なる場合もあるので、官庁手続きの際には「保安上の分界点」と「資産上の分界点」とを明記する必要があります。

　図1・4-1は、配電線から架空により構内第1柱に引き込む場合の分界点を示しています。

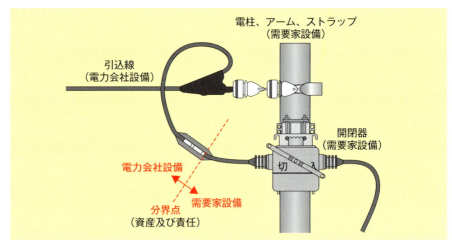

図1・4-1 ●責任分界点・資産分界点

1・4　責任分界点と区分開閉器

（a）VCT

（b）メータ

写真 1・4-1 ●取引用計量器（キュービクル内設置）

　なお、**写真 1・4-1**のような取引用の計量器が需要家の設備内に設置される場合がありますが、この場合は、計量器は電力会社の資産となり、計量器に関する保安責任も電力会社が負うことになります。

2　責任分界点の決定

　責任分界点は、配電線から需要家構内にどのような方式で電気を引き込むかによって異なります。例えば、電力会社の高圧（6.6kV）配電線には、架空配電線と地中配電線とがありますが、架空配電線からは、**架空引込方式**（**写真 1・4-2**）あるいは**地中引込方式**（**写真 1・4-3**）で引き込みます。また、地中配電線からは地中引込方式（**写真 1・4-4**）で引き込みます。

写真 1・4-2 ●架空配電線から架空で引込

写真1・4-3 ●架空配電線から地中(ケーブル)で引込

写真1・4-4 ●地中配電線から地中(ケーブル)で引込

　それぞれの引込方式により責任分界点は異なります。また、電力会社によっても責任分界点の考え方が異なります。このため、具体的な責任分界点の位置は、電力会社から電気の供給を受けるときに、需要家と電力会社との協議によって決められます。

3 区分開閉器

　電力会社と需要家との資産及び責任の分界のために設置するのが、区分開

写真 1・4-5 ●区分開閉器（GR 付 PAS）

閉器です（**写真 1・4-5**）。区分開閉器には、架空引込では地絡継電器付高圧交流負荷開閉器（GR 付 PAS 又は GR 付 PGS）、地中引込では地中線用の地絡継電器付高圧交流負荷開閉器（GR 付 UAS 又は GR 付 UGS）が使用されています。責任分界点に地絡継電器付きの区分開閉器を設置することにより、万一事故が発生した場合でも、停電などの障害は責任分界点の内側に留め、他の需要家に影響を及ぼすことを防止できます。

主遮断装置の電源側の高圧ケーブルなどで発生した事故は、主遮断装置で保護できないので、区分開閉器の役割は重要です。

> **コラム 4　自家用電気設備**　　　　　　　　　　　　　　　　　column
>
> 　自主保安が原則である自家用電気設備の設置件数は、現在全国で約 90 万件程度です。
> 　自家用電気設備が電気事業と区別して規制されるようになったのは、1911 年（明治 44 年）に電気事業法が成立してからです。しかし、この頃の自家用電気設備は小規模のものが多く、1911 年（明治 44 年）における全国の自家用電気設備総数 905 件のうち 50kW 以上は 201 件（うち官庁用が 36 件）に過ぎませんでした。また、当時の自家用設備はほとんどが火力発電設備や水力発電設備を持っており、現在のように需要設備のみのものはまれでした。

1・5 高圧受電設備への引込方式

1 架空引込

　構内の高圧受電設備へ架空にて電源を引き込むには、高圧絶縁電線を使用する場合と、高圧ケーブルを使用する場合とがあります。架空引込の場合に注意する点は、次の通りです。

（1）取付点
　高圧架空引込線の取付点は、次により選定します。
- 最短距離で引き込みできる場所。
- 引込線が外傷を受けにくいこと。特に、氷雪が多い地域では落雪などに注意する。
- 引込線がなるべく屋上を通過しないで施設できること。
- 引込線が他の電線路又は弱電流電線と十分離隔できること。
- 引込線が煙突、アンテナ、これらの支線、樹木などと接近しないで施設できること。

　写真 1・5-1 は高圧ケーブルを使用した架空引込で、建物の側面に取付点を設けている例です。

写真 1・5-1 ●高圧ケーブル取付点

表1・5-1 ●高圧絶縁電線の高さ及び離隔距離

施設場所	高さ・離隔距離
道路横断	路面上6.0m以上（車両の往来がまれであるもの及び歩行の用にのみ供される部分を除く）
鉄道・軌道	レール面上5.5m以上
横断歩道橋の上	横断歩道橋の路面上3.5m以上
上記以外の地上	地表上5.0m（電線の下方に危険である旨の表示をする場合には3.5m）以上
水面上	船舶の航行等に危険を及ぼさない高さ
氷雪の多い地方の積雪上	人又は車両の通行等に危険を及ぼさない高さ
上部造営材の上方	2.0m以上
人が建造物の外へ手を伸ばす又は身を乗り出すことなどができない部分	0.8m以上
その他	1.2m以上

（備考）工場構内等、特殊車両が出入りする場所においては、十分な高さを確保するよう考慮すること。

（2） 引込線取付金具

鉄筋コンクリート建築などで、建築完了後に引込線の取付金具が取り付けにくいものは、建築工事の際に取り付けておきます。

（3） 高圧絶縁電線

高圧絶縁電線による引込線は、次によります。
- 電線には、引張強さ8.01kN以上の高圧絶縁電線又は直径5mm以上の硬銅線の高圧絶縁電線を使用し、がいし引き工事により施設する。
- 架空引込線の高さ及び離隔距離は、表1・5-1によること。
- 電線が造営材を貫通する場合は、その貫通する部分の電線を電線ごとに高圧がい管に収めること。なお、高圧がい管は、雨水が浸入しないように屋外側を下向きにすること。

（4） 高圧ケーブル

高圧ケーブルによる引込線は、次によります。
- ケーブルは、ちょう架用線にハンガーを使用してちょう架し、かつ、そのハンガーの間隔を50cm以下として施設する。ただし、ちょう架用線をケーブルに接触させ、その上に容易に腐食し難い金属テープなどを20cm以下の間隔を保ってらせん状に巻き付けてちょう架する場合や、ちょう架用線をケーブルの外装に堅ろうに取り付けてちょう架する場合はこの限りではない。

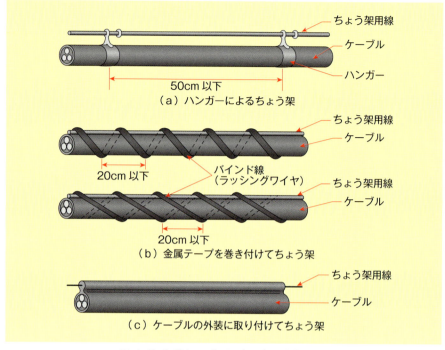

図 1・5-1 ●ケーブルによるちょう架の例
（出典）高圧受電設備規程 1120-1 図

ちょう架の例を、図 1・5-1 に示します。
- ちょう架用線は、引張強さが 5.93 kN 以上のもの又は断面積 22 mm² 以上の亜鉛メッキ鉄より線を使用すること。
- ちょう架用線に使用する金属体には、D 種接地工事を施すこと。
- ちょう架用線は、積雪など特殊条件を考慮し、想定荷重に耐えること。なお、その安全率は 2.5 以上とする。
- ケーブルちょう架の終端接続は、耐久性のあるひもによって巻き止めること。
- 径間途中では、ケーブルの接続を行わないこと。
- ケーブルを屈曲させる場合は、曲げ半径を単心のケーブルでは外径の 10 倍、3 心のケーブルでは 8 倍以上とすること。
- ケーブルは、ちょう架用線の引留箇所で、熱収縮と機械的振動ひずみに備えて、ケーブルにゆとり（オフセット）を設けること。
- 架空引込線の高さ及び離隔距離は、表 1・5-2 によること。

構内の第1号柱におけるケーブル引込線部分の施設例を、図1・5-2に示します。

表1・5-2 ●高圧ケーブルの高さ及び離隔距離

施設場所	高さ・離隔距離〔m〕
道路横断	路面上6.0m以上(車両の往来がまれであるもの及び歩行の用にのみ供される部分を除く)
鉄道・軌道	レール面上5.5m以上
横断歩道橋の上	横断歩道橋の路面上3.5m以上
上記以外の地上	地表上3.5m以上
水面上	水面上船舶の航行等に危険を及ぼさない高さ
氷雪の多い地方の積雪上	人又は車両の通行等に危険を及ぼさない高さ
上部造営材の上方	1.0m以上
その他	0.4m以上

(備考) 工場構内等、特殊車両が出入りする場所においては、十分な高さを確保するよう考慮すること。

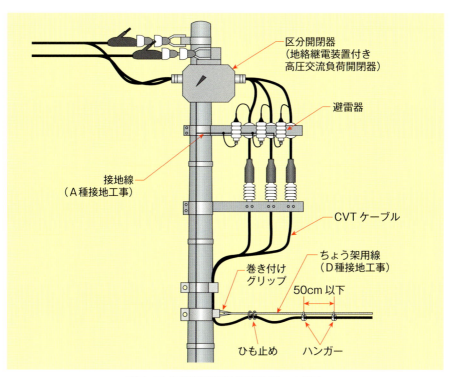

図1・5-2 ●架空引込例(高圧ケーブル)
(出典) 高圧受電設備規程1120-2図

2 地中引込

構内の高圧受電設備へ地中にて電源を引き込むには、高圧ケーブルを使用しますが、この場合に注意する点は次の通りです。

（1） 経路及び引込口

高圧ケーブルによる地中引込線の経路及び建物への引込口は、次により施設します。
- 引込線が外傷を受けにくいこと。
- 引込線が他の地中電線路又は地中弱電流電線路と十分離隔できること。
- 埋設施設（ガス、上下水道）に障害を与えないこと。

（2） 施設方法

高圧ケーブルによる地中引込線は、管路式、暗きょ式又は直接埋設式により施設します。

（3） 管路式

管路式は、ケーブルの引き替えや増設が容易（予備管を設ける場合）、外傷を受けにくい、故障復旧が比較的容易などの特徴があるので、地中引込のほとんどはこの方式となっています。管路には、軽量で可とう性のある波付硬質合成樹脂管（FEP）を使用するのが一般的です。

地中引込線を管路式により施設する場合は、次により施設します。
- 埋設深さは特に規定されていないが、管にはこれに加わる車両その他の重量物の圧力に耐えるものを使用すること。
- 図1・5-3に、JIS C 3653「電力用ケーブルの地中埋設の施工方法」による施設例を示す。

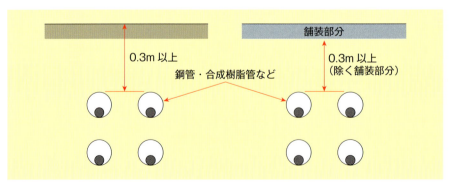

図1・5-3 ●管路式の施設例

1・5 高圧受電設備への引込方式

写真 1・5-2 ●ハンドホール

　管路式において、写真1・5-2のようなハンドホール（マンホール）を設置する場合があります。これは、中継用の地中箱で、埋設長さが長い場合や曲がり部などにおいて、ケーブルの敷設や撤去を容易にするためのものです。

（4）暗きょ式

　暗きょ式は、コンクリート造の暗きょ（洞道）の中に支持金具などでケーブルを支持する方法で、工事費が大きく、工期も長くなります。このため、ケーブル条数の多い場合に使用されますが、一般の高圧引込線ではほとんど使用されません。

　地中引込線を暗きょ式により施設する場合は、次により施設します。

- 暗きょは、車両その他の重量物の圧力に耐えるものであること。
- 地中電線に耐燃措置を施す、又は暗きょ内に自動消火設備を施設するなどの防火措置を施すこと。

（5）直接埋設式

　直接埋設式は、ケーブル布設のつど掘削する必要がありますが、工事費が少ない、工期が短い、ケーブル熱放散がよいなどの特徴があります。このため、増設の見込みのない場合や重要度の低い場合に使用されます。

　地中引込線を直接埋設式により施設する場合は、次により施設します。

- 埋設深さは、表1・5-3によること。ただし、使用するケーブルの種類、施設条件を考慮し、これに加わる圧力に耐えるよう施設する場合はこの限りでない。
- 直接埋設式の埋設例を図1・5-4に示す。

表 1・5-3 ●直接埋設式の埋設深さ

施設場所	埋設深さ
車両その他重量物の圧力を受けるおそれがある場所	1.2m 以上
その他の場所	0.6m 以上

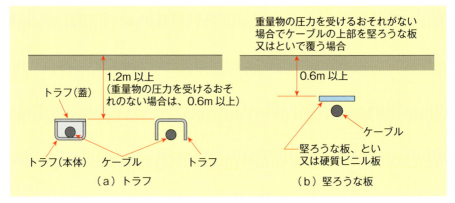

図 1・5-4 ●直接埋設式の埋設例

（出典）高圧受電設備規程 1120-4 図

- ケーブルは、次のいずれかに該当する場合を除き、トラフなどに収めて施設すること。
  ① 低圧又は高圧のケーブルを車両その他の重量物の圧力を受けるおそれがない場合において、ケーブルの上部を堅ろうな板又はといで覆い施設する場合。
  ② ケーブルにCDケーブル（高圧のものに限る）又は、がい（鎧）装を有するケーブルを使用して施設する場合。
  ③ ケーブルにパイプ形圧力ケーブルを使用し、かつ、ケーブルの上部を堅ろうな板又はといで覆い施設する場合。

（6） 埋設表示

地中引込線を管路式又は直接埋設式により需要場所に施設する場合は、次によりケーブル埋設箇所の表示を行います。ただし、地中引込線の長さが 15m 以下のものにあっては、表示を省略することができます。

- 電圧をおおむね 2m の間隔で表示した耐久性のあるケーブル標識シートを、ケーブルの直上の地中に連続して埋設すること（図 1・5-5）。
- ケーブル埋設位置が容易に判明するように、ケーブル直上の地表面に耐久性のある標識（標柱又は標石）を必要な地点に設置すること（図 1・5-6）。

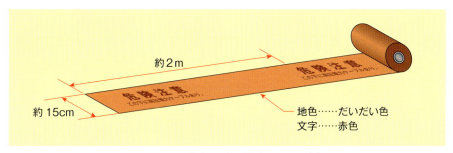

図 1・5-5 ● ケーブル標識シートの例
（出典）高圧受電設備規程 1120-5 図

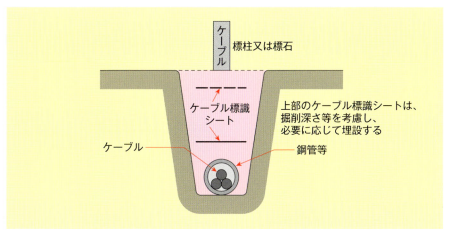

図 1・5-6 ● ケーブル埋設箇所表示方法の例
（出典）高圧受電設備規程 1120-6 図

（7） 屈曲・接地

- ケーブルを屈曲させる場合は、曲げ半径を、単心ケーブルでは外径の10倍、3心ケーブルでは8倍以上とすること。
- 管、暗きょその他の地中電線を収める防護装置の金属製部分（ケーブルを支持する金物類を除く）、金属製の接続箱及びケーブルの被覆に使用する金属体には、D種接地工事を施すこと。ただし、次の場合はこの限りでない。
  ① 管、暗きょその他の地中電線を収める防護装置の金属製部分、金属製の電線接続箱及び地中電線被覆に使用する金属体の防食措置を施した部分。
  ② 地中電線を収める金属製の管路を、管路式により施設した部分。

（8） 他の工作物との接近・交差

- ケーブルは、地中弱電流電線路に対して、漏洩電流又は誘導作用により通信上の障害を及ぼさないように、地中弱電流電線路から十分離すなど、適切な方法で施設すること。
- ケーブルが地中弱電流電線又は地中光ファイバケーブルと接近又は交差する場合において、相互の離隔距離が30cm以下のときは、地中電線と地中弱電流電線又は地中光ファイバケーブルとの間に、堅ろうな耐火性の隔壁を設ける場合を除き、地中電線を堅ろうな不燃性又は自消性のある難燃性の管に収め、当該管が地中弱電流電線又は地中光ファイバケーブルと直接接触しないように施設すること。ただし、地中光ファイバケーブルが、不燃性若しくは自消性のある難燃性の材料で被覆した光ファイバケーブル、又は不燃性若しくは自消性のある難燃性の管に収めた光ファイバケーブルであり、かつ、その管理者の承諾を得た場合は、この限りでない。
- ケーブルが低圧地中電線と接近又は交差する場合において、地中箱内以外の箇所で相互間の距離が15cm以下のときは、次の各号のいずれかに該当する場合に限り施設することができる。
  ① 自消性のある難燃性の被覆を有する場合、又は堅ろうな自消性のある難燃性の管に収められる場合。
  ② いずれかの地中電線が不燃性の被覆を有する場合。
  ③ いずれかの地中電線が堅ろうな不燃性の管に収められる場合。

写真1・5-3 ●ケーブル防護管

1・5 高圧受電設備への引込方式

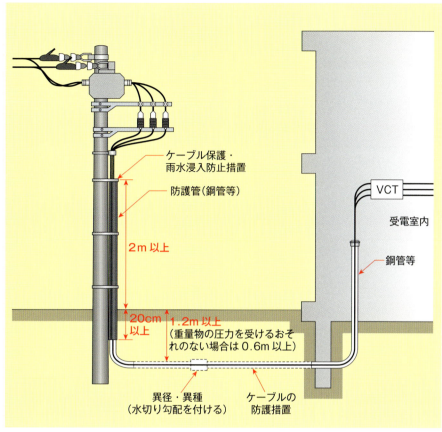

図1・5-7 ●地中引込例
（出典）高圧受電設備規程1120-7図

④地中電線相互の間に堅ろうな耐火性の隔壁を設ける場合。
- ケーブルがガス管、水管又はこれらに類するものと接近又は交差する場合においては、ケーブルを堅ろうな金属管などに収めるなどして防護すること。
- 高圧地中ケーブル引込線において、ケーブルの立下り、立上りの地上露出部分及び地表付近は、損傷のおそれがない位置に施設し、かつ、これを堅ろうな管などで防護すること。この場合、防護管には雨水の浸入に対する措置を施すこと。**写真1・5-3**は、ケーブル防護管に鋼管を使用したもの。
- 高圧地中ケーブル引込の施設例を、**図1・5-7**に示す。

31

1・6 開放形受電設備

1 受電室

電気設備技術基準では、受電設備は変電所に準ずる場所に該当し、受電室に取扱者以外の者が立ち入らないように施設し、出入禁止の表示や施錠装置の設置を義務付けています。また、労働安全衛生規則や火災予防条例などにも、受電設備に関する様々な規定があります。

(1) 受電室の位置及び構造

- 湿気が少なく、水が浸入する又は浸透するおそれのない場所を選定するとともに、それらのおそれのない構造とする。
- 火災時の消防放水又は洪水、高潮などによって、容易に電源が使用不能にならないように配慮する。
- 受電室は、防火構造又は耐火構造であって、不燃材料で造った壁、柱、床及び天井で区画され、かつ、窓及び出入口には防火戸を設けたものとする。ただし、受電設備の周囲に有効な空間を保有するなど、防火上支障のない措置を講じた場合は、この限りでない。また、防火構造、耐火構造及び不燃材料に関しては、建築基準法、消防法及び各都道府県又は市町村の火災予防条例による。
- 爆発性、可燃性又は腐食性のガス、液体又は粉じんの多い場所には、受電室を設置しない。
- 雨が吹き込んだり、雨漏りがしないような窓の位置及び強度などを考慮する。
- 鳥獣類などが侵入しないような構造にする。
- 機器の搬出入が容易にできるような通路及び出入口を設ける。
- 取扱者以外の者が立ち入らないような構造にする。

(2) 受電室の機器配置

- 変圧器、配電盤など受電設備の主要部分における距離の基準は、保守点検に必要な空間及び防火上有効な空間を保持するため、表1・6-1の値以上の保有距離を必要とする。
- 保守点検に必要な通路は、**幅0.8m以上、高さ1.8m以上**とする。

1・6 開放形受電設備

表1・6-1 ●配電盤などの最小保有距離

機器別 \ 部位別	前面又は操作面〔m〕	背面又は点検面〔m〕	列相互間（点検を行う面）*1〔m〕	その他の面*2〔m〕
高圧配電盤	1	0.6	1.2	—
低圧配電盤	1	0.6	1.2	—
変圧器など	0.6	0.6	1.2	0.2

(注) ＊1は機器類を2列以上設ける場合をいう。
　　＊2は操作面・点検面を除いた面をいう。

- 機器、配線、充電部などとの離隔距離を、図1・6-1に示す。
- 通路面は、つまずき、すべりなどの危険のない状態に保持する。
- 写真1・6-1は受電室の保守点検通路(黒のゴムマット上)の例です。

(3) 受電室の照明

- 照度は、配電盤の計器面で300ルクス以上、その他の部分では70ルクス以上とする。
- 照明器具は、光が計器面に反射して、計器が見えにくくならない位置に施設する。
- 受電室の照明器具は、管球の取り替えの際に充電部に接近しなくてもよいようなところに施設する。写真1・6-2に配電盤の上部に取り付けた例を示す。また、停電の場合を考慮して、移動用又は携帯用の電灯を、受電室のわかりやすい場所に備えておく。

(4) 保安対策

- 変圧器の発熱などで、室温が過昇するおそれのある場合には、通気孔、換気装置又は冷房装置などを設けてこれを防止する。なお、通気孔その他の換気装置を設ける場合は、その構造に特に注意し、強風雨時における雨水及び風雪時における雪の吹き込むおそれのないよう十分配慮する。
- 湿気又は結露により絶縁低下などのおそれがある場合には、これを防止するため適切な対策を講ずる。
- 自動火災報知設備の感知器は、感知器の保守・点検の際充電部に接近しないようなところに設置する。
- 受電室は、出入口又は扉に施錠装置を施設して施錠するなど、取扱者以外の者が立ち入らないような措置を講じ、かつ、見やすいところに図1・6-2のような「高圧危険」や「係員以外立入禁止」などの表示をする。

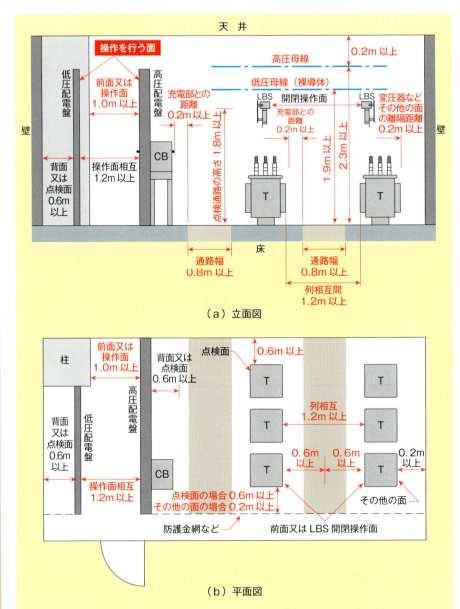

(備考)(1) 絶縁防護板を1.8mの高さに設置する場合は、高低圧母線の高さをその範囲内まで下げることができる。
(2) 図示以外の露出部の高さは、2m以上とする。

図 1・6-1 ●機器・配線等との離隔

(出典) 高圧受電設備規程 1130-1 図

1・6　開放形受電設備

写真 1・6-1 ●保守点検通路

写真 1・6-2 ●受電室の照明器具

図 1・6-2 ●危険標識例

なお、高圧充電部には「充電標示器」を取り付け、取扱者の注意を喚起する。

- 露出した充電部分は、防護カバーを設けるなど、取扱者が日常点検などを行う場合に容易に触れるおそれがないよう施設する。なお、取扱者が露出した充電部分に近づいて日常点検などを行う際に、充電部に対して頭上距離が0.3m以内又は身体側距離若しくは足下距離が0.6m以内に接近し、感電の危険が生ずるおそれのあるときは、充電部に絶縁用防具を装着するか、写真1・6-3のような絶縁用保護具を着用する必要がある。

写真1・6-3 ●絶縁用保護具

写真1・6-4 ●二酸化炭素消火設備

- 変圧器の励磁振動が騒音となり、影響を及ぼすおそれがある場合には、適切な防音施設を施すこと。受電室を敷地境界線の近くに設置する場合は、その騒音測定値は、都道府県の騒音防止条例に定められている規定値以下とする。
- 受電室内には、電気火災に有効な消火設備（不活性ガス消火設備、ハロゲン化物消火設備、粉末消火設備又は消火器）を設ける。**写真1・6-4**に受電室に設置された二酸化炭素消火設備の放出表示灯、音響警報器、起動装置の例を示す。
- 受電室内には、保守・点検用電源のコンセント回路を設ける。
- ケーブル等が受電室の壁等を貫通する場合は、適切な防火措置を施す。

（5） その他の注意事項
- 地震による震動等に耐えるために、受電設備に使用される機器（特に変圧器）、配線などは床、壁、柱等に堅固に固定するなどの有効な措置を施す。
- 配線ピットなどから水が浸入するおそれがある場合は、防水壁などで水が浸入しないよう有効な措置を施す。
- 受電室は、倉庫、更衣室又は休憩室など、受電設備の本来の目的以外の用途に使用しない。
- 工具、器具及び材料は、受電設備の監視、保守、点検などに支障がない箇所に保管する。
- 受電室には、水管、蒸気管、ガス管などを通過させない。
- 受電室には、電気主任技術者の氏名、所属、連絡先等を見やすいところに表示する。
- 受電室には、受電室専用の分電盤及び制御盤以外は設けない。ただし、取扱者が操作する分電盤及び制御盤にあっては、この限りでない。

2 屋外に施設する受電設備

開放形受電設備を屋外に施設する場合は、前述の受電室に準ずる他、次によります。
- 機器の周囲に人が触れるおそれがないように適当なさく、へい等を設ける。さく、へい等の高さとさく、へい等から充電部分までの距離との和を5m以上とする。**図1・6-3**に保護さくの設置例を示す。
- さく、へい等には危険である旨の表示をする。

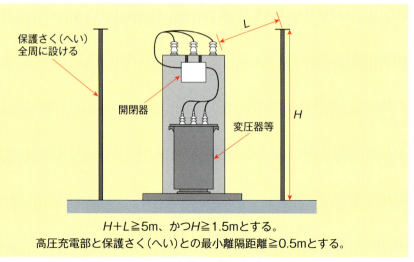

$H+L≧5m$、かつ$H≧1.5m$とする。
高圧充電部と保護さく(へい)との最小離隔距離$≧0.5m$とする。

図1・6-3●屋外受電設備の保護さく

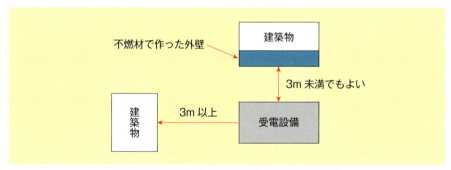

図1・6-4●屋外における受電設備の設置例

- 屋外に設ける受電設備は、図1・6-4のように建築物から3m以上の距離を保つ。ただし、不燃材料で造り又は覆われた外壁で開口部のないものに面するときは、3m未満でもよい。

1・7 キュービクル式受電設備

1 規格とその概要

　キュービクルの規格には JIS C 4620（キュービクル式高圧受電設備）と JEM 1425（金属閉鎖形スイッチギヤ及びコントロールギヤ）があります。JEM 1425 は比較的大規模な設備、あるいは信頼性の高い設備に使用される場合が多く、一般の受電設備はほとんどが JIS C 4620 に準拠したものです。JIS C 4620 は 1968 年に JIS 規格として制定され、社会情勢の変化や事故防止対策の強化に伴い随時改正され、最終改正は 2018 年 2 月に実施されました。JIS C 4620 の概要は、次の通りです。

（1）適用範囲

　JIS C 4620 の規格の適用範囲は、公称電圧 6.6 kV、周波数 50 Hz 又は 60 Hz、系統短絡容量 12.5 kA 以下、受電設備容量 4 000 kVA 以下となっています。

（2）構　造

　外箱の外面開閉部をキュービクルの前面と後面の両面に設けた**前後保守形**と、前面のみに設けた**前面保守形**（薄型）とがあります。また、保守点検時の安全を考慮し、扉を開いた状態で高圧充電露出部に容易に触れないような構

写真 1・7-1 ●絶縁性保護カバー

造となっています。ただし、**写真1・7-1**のように充電部に絶縁性の保護カバーを取り付ければこの限りではありません。

(3) 変圧器

設置する変圧器1バンクの容量は、500kVA以下となっています。

(4) 高圧進相コンデンサ

1台の開閉装置に接続できる高圧進相コンデンサの設備容量は、300kvar以下となっています(自動力率調整を行う場合は200kvar)。また、高圧進相コンデンサには、高調波障害防止に対して有効な直列リアクトル(警報接点付き)を付属しなければなりません。

2 屋内設置キュービクル

キュービクルを屋内に設置する場合の外箱の周囲との保有距離は、**表1・7-1**の値以上とします。この保有距離を図示したものが**図1・7-1**です。

表1・7-1 ●屋内設置キュービクルの保有距離

保有距離を確保する部分	保有距離
点検を行う面	0.6m以上
操作を行う面	扉幅*＋保安上有効な距離
溶接などの構造で換気口がある面	0.2m以上
溶接などの構造で換気口がない面	―

(備考) (1) 溶接などの構造とは、溶接又はねじ止めなどにより堅固に固定されている場合をいう。
　　　 (2) *は扉幅が1m未満の場合は1mとする。
　　　 (3) 保安上有効な距離とは、人の移動に支障をきたさない距離をいう。

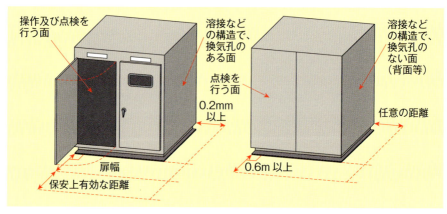

図1・7-1 ●屋内設置キュービクルの保有距離
(出典) 高圧受電設備規程1130-4図

1・7 キュービクル式受電設備

写真 1・7-2 ●保有距離の例（前面）

また、写真 1・7-2 に、実際の保有距離の例を示します。

3 屋外設置キュービクル

室内設置と異なり、屋外設置のキュービクルは気象の影響や環境の影響を直接受けるため（鋼板1枚のみで長期間内部機器を保護しなければならない）、設置場所の気象条件や環境を十分考慮して設置しなければなりません。

（1）寒冷な地域

寒冷地では冬季の雪の吹き込みに注意が必要です。JIS C 4620 では防水試験として、防雨試験と防噴流試験を実施することになっていますが、粉雪の場合は雨より軽いので、風向きによっては通気孔や換気口、扉のすきまなどからキュービクルに入り込むことがあります。

キュービクルに入った雪は、内部の機器に付着すると熱により溶けて、その水分で地絡や短絡事故に至ることがあります。積雪地区では、このような事故が毎年起こっています。写真 1・7-3 は、キュービクルに雪が侵入しLBSに被さっているところです。雪の侵入を防ぐには、通気孔や換気口をふさぎ、扉には弾力性のあるパッキンを取り付けます。この場合、夏季には放熱能力が低下しますので、元に戻す必要があります。粘着テープなどを開口部に貼り付けている事例がありますが、これはあくまでも応急処置であり、雪の入り込まないような根本的な対策が必要です。

接地工事に関する注意としては、土壌が凍結すると接地抵抗が大幅に大きくなることです。夏季の5～6倍という報告もあります。キュービクルの接

写真 1・7-3 ●キュービクルへの雪の侵入

地極は必ず凍結深度以上の深さに埋設することが必要です。

キュービクルの基礎の深さが浅いと、冬季に地盤が凍結したとき基礎が浮き上がります。このため、基礎の深さは土壌の凍結深度以上としなければなりません。さらに、基礎の高さは積雪量を考慮して決めないと、冬季にキュービクルが雪に埋まって点検不能となります。

寒冷地では湿度の変化により結露が発生しやすいため、以下のような結露対策が効果的です。
- スペースヒータを使用する。
- 乾燥材を使用する。
- キュービクルを二重天井とする。
- 天井面に断熱材を施す。

（2） 腐食性ガス

下水処理場や化学工場などでは硫化水素（H_2S）や硫黄酸化物（SO_x）、窒素酸化物（NO_x）あるいはアンモニア（NH_3）などが発生する場合があります。このような腐食性ガスの多い環境では、原則としてキュービクルは室内に設置しなければなりません。しかし、それが難しい場合には、耐食塗装を施した密閉性の高いキュービクルを使用し、内部の機器も耐食性の高い仕様とします（海岸から数 km 程度までの塩害地区も同様な対策が必要です）。

（3） 温度上昇

夏季には、直射日光に加えて冷房等の負荷増加による変圧器の温度上昇が

（a）LBS に接触　　　　　　　　（b）感電したヘビ

写真 1・7-4 ●ヘビによる地絡

重なり、キュービクルの内部温度が異常に上昇することがあります。このような場合は、日陰になる場所に設置するか、換気ファンを設けて強制換気を行います。

（4） 小動物の侵入

小動物接触による地絡や短絡事故は非常に多く発生しています。これは、キュービクルの内部では高圧機器の充電部が露出しており、キュービクル内部に入った小動物は容易に接触するからです。小動物の種類としては**ネズミ、ヘビ、ネコ、鳥**の順になっています。写真 1・7-4 はキュービクルに侵入したヘビが LBS の二次側と金物間で感電した例です。もし、キュービクルの床に小動物の排泄物や抜け殻があった場合は、小動物の侵入口がどこかにあるので、入念に点検し、ふさいでおかなければなりません。

小動物の侵入経路のひとつにケーブルの引込部のすきまがあります。ここは必ず密閉しなければなりません。写真 1・7-5 に高圧ケーブルの引込口をパテで埋めている例を示します。また、通気孔の金網やパンチングメタルが腐食などで損傷して、そこから侵入する場合があるので、点検時に発見した場合はすみやかに補修しなければなりません。JIS C 4620 では通気孔は直径 10 mm の丸棒が通らない構造としているので、これを目安として点検すればよいでしょう。また、扉のパッキンの劣化損傷によるすきまにも注意が必要です。

（5） 基　礎

基礎は、キュービクルの設置に十分な強度を有するものとします。
キュービクルのチャンネルベースに設けた通気孔から強風で雨水が基礎コ

写真 1・7-5 ●パテにより密封

ンクリートの上に浸入することがあります。このとき、コーキングなどの防水処理があると排水できないため、基礎上に水が大量に溜まることになります。これが蒸発すると結露の原因となるので、基礎上に水が溜まらないような勾配や排水口を設置します。

基礎は、キュービクルの検針窓の位置を考慮し、検針が容易な高さとします。

図 1・7-2のように、キュービクル前面には基礎に足場スペースを設けます。もし、設けられていない場合は、代替できる点検用の台等を設けます。写真 1・7-6は、キュービクルの周囲に足場スペースを設置した例です。

ビルの屋上に設置されるキュービクルは建物の防水処理のため、いわゆる

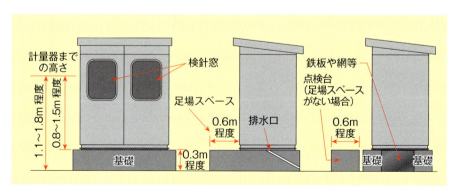

図 1・7-2 ●キュービクルの基礎

1・7 キュービクル式受電設備

写真 1・7-6 ●キュービクルの足場スペース

（a）ゲタ基礎　　　　　　　　（b）キュービクル床面の換気孔

写真 1・7-7 ●ゲタ基礎

「**ゲタ基礎**」と呼ばれる上に設置することがあります。ゲタ基礎はキュービクルの下部にトンネル状の空洞ができ、ここから雨水や湿気が風により吹き上がり、床面の換気孔から内部に入りやすくなります。このためゲタ基礎の両端には遮へい板を取り付け、風雨の浸入を防ぐようにします。また、屋上の場合、風が直接キュービクルに当たるため、通気孔や換気口から雨が浸入しやすいので、水切り板等が必要です。**写真 1・7-7** に、ゲタ基礎とキュービクル床面の通気孔を示します。

（6）耐震対策

キュービクルは地震時に移動、転倒が起こらないように、地震によるせん断力、引き抜き力に耐えるアンカーボルトで建築物あるいは基礎に強固に固

定しなければなりません。耐震対策については、(一社)日本電設工業協会発行の『建築電気設備の耐震設計・施工マニュアル』が参考になります。設計用標準地震力は、キュービクルの重心に水平方向及び鉛直方向の地震力が作用するものとして計算します。

- 設計用水平地震力は、次式で求める。

    $F_H = K_H \cdot W = Z \cdot K_S \cdot W$ 〔kgf〕

    K_H ：設計用水平震度
    W ：機器の重量〔kgf〕
    Z ：地域係数(通常1)
    K_S ：設計用標準震度(機器の耐震クラス及び設置階により判断する 0.4～2.0)

- 設計用鉛直地震力は、次式で求める。

    $F_V = K_V \cdot W = (1/2) K_H \cdot W$ 〔kgf〕

    K_V ：設計用鉛直震度

(7) 墜落防止

キュービクルを高所の開放された場所に施設する場合は、図1・7-3のように周囲の保有距離が3mを超える場合を除き、高さ1.1m以上のさくを設ける等の墜落防止措置を施し、保守、点検が安全にできるようにします。写真1・7-8は、保有距離が3mを超えるので、さくを設けていない例です。

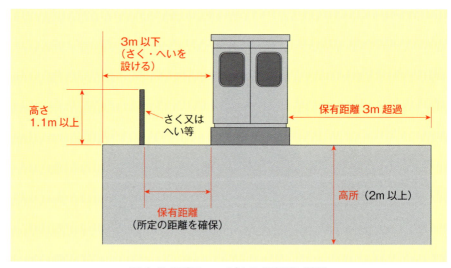

図1・7-3 ●キュービクルを高所に設置

写真 1・7-8 ●キュービクル前面にさくのない場合

（8） 幼児、児童の安全

幼稚園、学校、スーパーマーケット等で幼児、児童が容易に金属箱に触れるおそれのある場所にキュービクルを施設する場合は、さく等を設けます。

4 屋外設置キュービクルに至る通路

（1） 屋上キュービクル

屋上設置のキュービクルの場合、点検時に安全でかつ容易にキュービクルに到達できる通路や階段が必要です。点検機材を持って移動しなければならないので、垂直はしごやタラップ等はできるだけ避けます。**写真 1・7-9**のようなタラップは危険なので、好ましくありません。

（2） 保守点検通路

保守、点検用の通路は 0.8m 以上の幅を確保します。既設のものでやむを得ない場合は、踏板（アルミ製等）及び手すり等を設けて、保守員の安全が確保できる構造とします。また、次に該当する不安全な箇所を通行する場合は、労働安全衛生規則に準じた措置を施します。

① 高さが 2m 以上で、かつさく又はへい等の墜落防止措置のない場所を通行する場合。
② 高さが 2m 以上の場所に施設される垂直はしごを昇降する場合。
③ スレート、塩化ビニル板等でふいた屋根を通行する場合。

写真1・7-9 ●タラップ

④その他、足場が特に悪く墜落により落下のおそれのある場所を通行する場合。

（3） 屋内通路

点検時及び事故対応等の緊急時に、保守員がキュービクルに到達するための屋内の通路は、住居部・出入口閉鎖等の支障のないようにします。

コラム5 キュービクル　column

キュービクルは据付面積が小さく、信頼性も高い。しかし、屋外設置の場合には、過酷な自然環境により鋼板製の外箱にサビが発生することがあります。写真のような天井部分のサビは、水の浸入や鉄サビの落下などにより、電気事故になる場合があります。一度サビが発生すると、急激に腐食が進行するので、早期の塗装補修が望まれます。

1・8 標準施設

1 受電設備の結線の原則

（1） 簡素化
誤操作防止のため、受電設備の結線は、できるだけ簡素化します。

（2） 変成器
主遮断装置の一次側の過電流保護は難しいので、責任分界点と主遮断装置の間には、高圧機器はなるべく設置しないようにします。
具体的には、電力需給用計器用変成器、地絡保護継電器用変成器、受電電圧確認用変成器、主遮断装置開閉状態表示用変成器及び主遮断装置操作用変成器以外の変成器を設置しません。

2 標準結線

（1） 文字記号
結線図における文字記号は、表1・8-1の通りです。

表1・8-1 ●文字記号対比表

機器分類	文字記号	用　語	対応英語（参考）
変圧器・計器用変成器類	T	変圧器	Transformer
	VCT	電力需給用計器用変成器	Instrument transformer for metering service
	VT	計器用変圧器	Voltage transformer
	CT	変流器	Current transformer
	ZCT	零相変流器	Zero-phase-sequence current transformer
	EVT	接地形計器用変圧器	Earthed voltage transformer
	ZVT(ZPD)	零相計器用変圧器（コンデンサ形接地電圧検出装置）	Zero-phase voltage transformer（Zero phase potential device）
	SC	進相コンデンサ	Static capacitor
	SR	直列リアクトル	Series reactor

	略号	日本語	英語
開閉器・遮断器類	S	開閉器	Switch
	VS	真空開閉器	Vacuum switch
	AS	気中開閉器	Air switch
	LBS	負荷開閉器	Load break switch
		引外し形高圧交流負荷開閉器	Load break switch with tripping device
	PAS	柱上気中開閉器	Pole air break switch
	CB	遮断器	Circuit breaker
	VCB	真空遮断器	Vacuum circuit breaker
	PC	高圧カットアウト	Primary cutout switch
	F	ヒューズ	Fuse
	PF	電力ヒューズ	Power fuse
	DS	断路器	Disconnecting switch
	ELCB	漏電遮断器	Earth leakage circuit breaker
	MCCB	配線用遮断器	Molded-case circuit breaker
	MC	電磁接触器	Electromagnetic contactor
	VMC	真空電磁接触器	Vacuum electromagnetic contactor
計器類	A	電流計	Ammeter
	V	電圧計	Voltmeter
	WH	電力量計	Watt-hour meter
	VAR	無効電力計	Var meter
	MDW	最大需要電力計	Maximum demand watt meter
	PF	力率計	Power-factor meter
	F	周波数計	Frequency meter
	AS	電流計切替スイッチ	Ammeter change-over switch
	VS	電圧計切替スイッチ	Voltmeter change-over switch
	CS	制御スイッチ	Control switch
	COS	切替スイッチ	Change-over switch

継電器類	OCR	過電流継電器	Overcurrent relay
	GR	地絡継電器	Ground relay
	DGR	地絡方向継電器	Directional ground relay
	UVR	不足電圧継電器	Undervoltage relay
	OVR	過電圧継電器	Overvoltage relay
	DSR	短絡方向継電器	Phase directional relay
	OVGR	地絡過電圧継電器	Ground overvoltage relay
	RPR	逆電力継電器	Reverse power relay
	UFR	周波数低下継電器	Underfrequency relay
	UPR	不足電力継電器	Underpower relay
電線類	OC	屋外用架橋ポリエチレン絶縁電線	Crosslinked polyethylene insulated outdoor wire
	OE	屋外用ポリエチレン絶縁電線	Polyethylene insulated outdoor wire
	PD	高圧引下用絶縁電線	High-voltage drop wire for pole transformer
	KIP	高圧機器内配線用電線（EPゴム電線）	Ethylene propylene rubber insulated wire for cubicle type unit substation for 6.6kV receiving
	KIC	高圧機器内配線用電線（架橋ポリエチレン絶縁電線）	Crosslinked polyethylene insulated wire for cubicle type unit substation for 6.6kV receiving
	IV	600Ｖビニル絶縁電線	600V grade polyvinyl chloride insulated wire
	HIV	600Ｖ2種ビニル絶縁電線	600V grade heat-resistant polyvinyl chloride insulated wire
	IE/F	耐燃性ポリエチレン絶縁電線（エコ電線）	600V grade flame retardant polyethylene insulated wire

ケーブル類	CV	高圧架橋ポリエチレン絶縁ビニルシースケーブル	High-voltage crosslinked polyethylene insulated polyvinyl chloride sheathed cable
	CVT	トリプレックス形高圧架橋ポリエチレン絶縁ビニルシースケーブル	High-voltage triplex type crosslinked polyethylene insulated polyvinyl chloride sheathed cable
	CE／F	高圧架橋ポリエチレン絶縁耐燃性ポリエチレンシースケーブル（エコケーブル）	High-voltage crosslinked polyethylene insulated flame retardant polyethylene sheathed cable
	CET／F	トリプレックス形高圧架橋ポリエチレン絶縁耐燃性ポリエチレンシースケーブル	High-voltage triplex type crosslinked polyethylene insulated flame retardant polyethylene sheathed cable
	CE	高圧架橋ポリエチレン絶縁ポリエチレンシースケーブル	High-voltage crosslinked polyethylene insulated polyethylene sheathed cable
	VV	600Vビニル絶縁ビニルシースケーブル	600V grade polyvinyl chloride insulated polyvinyl chloride sheathed cable
	FP	高圧耐火ケーブル	High-voltage fire-resistant cable
	FPT	トリプレックス形高圧耐火ケーブル	High-voltage triplex type fire-resistant cable
その他	LA	避雷器	Lightning arrester
	M	電動機	Motor
	G	発電機	Generator
	CH	ケーブルヘッド	Cable head
	TC	引外しコイル	Trip coil
	TT	試験端子	Testing terminal
	E	接地	Earthing
	ET	接地端子	Earth terminal
	THR	サーマルリレー	Thermal relay
	BS	ボタンスイッチ	Button switch
	PL	パイロットランプ	Pilot lamp

（2） 架空引込結線

高圧受電設備における架空引込方法の結線図の例を、図1・8-1（構内第1号柱を経て引き込む場合）、図1・8-2（直接引き込む場合）に示します。

（3） 地中引込結線

高圧受電設備における地中引込方法の結線図例を、図1・8-3に示します。

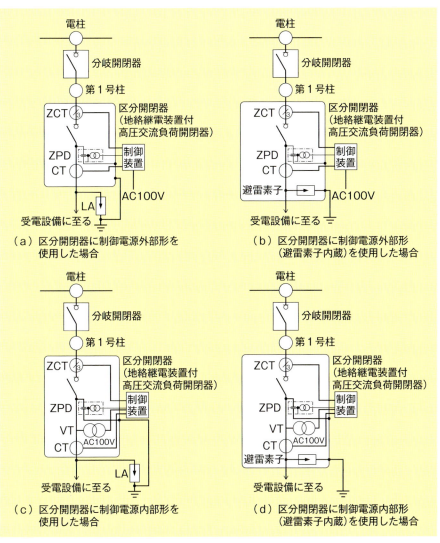

図1・8-1 ●構内第1号柱を経て引き込む場合
（出典）高圧受電設備規程 1140-1 図

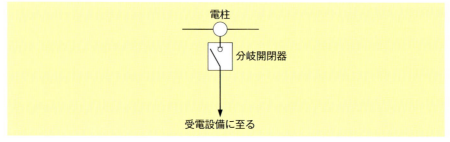

図1・8-2 ●直接引き込む場合
（出典）高圧受電設備規程 1140-1 図

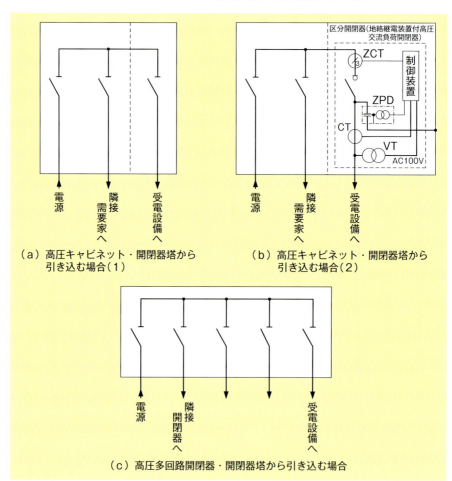

（a）高圧キャビネット・開閉器塔から引き込む場合(1)

（b）高圧キャビネット・開閉器塔から引き込む場合(2)

（c）高圧多回路開閉器・開閉器塔から引き込む場合

図1・8-3 ●地中引込の場合
（出典）高圧受電設備規程 1140-1 図

（4） CB形結線

主遮断装置がCB形の場合の結線図例を、図1・8-4に示します。ただし、点線のZPDはDGRの場合、点線のLAは、引込ケーブルが長い場合に設置します。また、点線のAC100Vは、変圧器二次側から電源をとる場合を示します。

（5） PF・S形結線

主遮断装置がPF・S形の場合の結線図例を、図1・8-5に示します。ただし、点線のLAは、引込ケーブルが長い場合に設置します。また、点線のAC100Vは、変圧器二次側から電源をとる場合を示します。

（6） 母線以降の結線

高圧受電設備の母線以降の結線図例を、図1・8-6に示します。ただし、開閉器及び保護装置は変圧器容量やコンデンサ容量に対する制限がありま

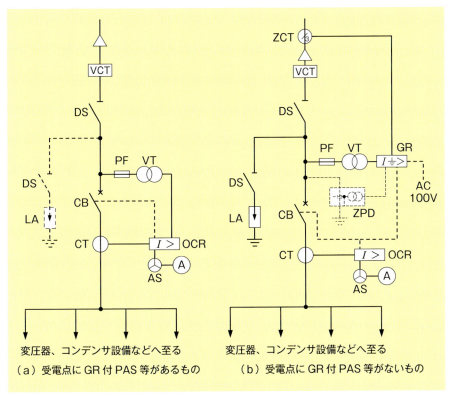

図1・8-4 ● CB形の場合
（出典）高圧受電設備規程 1140-2 図

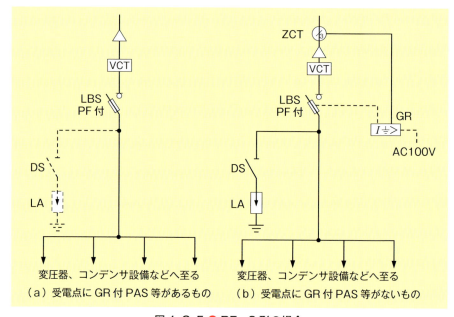

図 1・8-5 ● PF・S 形の場合
（出典）高圧受電設備規程 1140-3 図

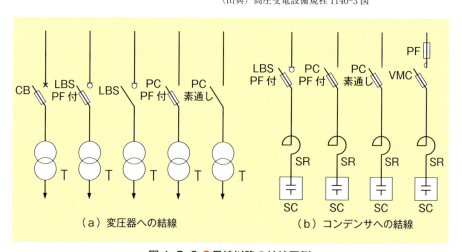

図 1・8-6 ● 母線以降の結線図例
（出典）高圧受電設備規程 1140-4 図

す。また、コンデンサでの PC 素通しは PF・S 形における主遮断装置の限流ヒューズによりコンデンサを保護できる場合に限ります。さらに、コンデンサの VMC は自動力率調整を行う場合に設置します。

1・8 標準施設

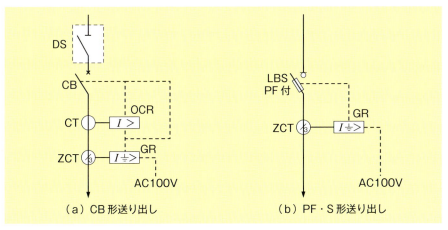

図1・8-7 ●高圧送り出しの結線図例
（出典）高圧受電設備規程 1140-4 図

（7） 高圧送り出しの結線

　高圧送り出しの結線図例を、図1・8-7に示します。ただし、DSは、引出し形遮断器の場合は省略することができます。また、PF・S形の場合は、高圧電動機への送り出しは行いません。屋内型であって、同一電気室に送り出す場合は、GRを省略できます。点線のAC100Vは、変圧器二次側から電源をとる場合を示します。

コラム6 特殊使用状態　　　　　　　　　　　　　　　　　column

　通常の受電設備は標準使用状態で使用するように設計されています。したがって、やむを得ず特殊な条件で使用する場合には、機器の製造メーカーと十分協議する必要があります。特殊使用状態とは、次のような場所で使用する場合です。

①周囲温度が屋内用－5℃、屋外用－20℃以下、又は40℃以上の場所
②標高1 000m以上の高地　　　③潮風を著しく受ける場所
④氷雪が特に多い場所　　　　　⑤常時湿潤な場所
⑥過度の水蒸気又は過度の油蒸気がある場所
⑦腐食性のガスがある場所
⑧過度の塵埃（じんあい）がある場所
⑨異常な振動又は衝撃を受ける場所

1・9 高圧受電設備の構成機器

　高圧受電設備を構成する主要な機器とその機能を紹介します。図1・9-1はCB形高圧受電設備の一般的な結線図ですが、この結線図に基づいて説明

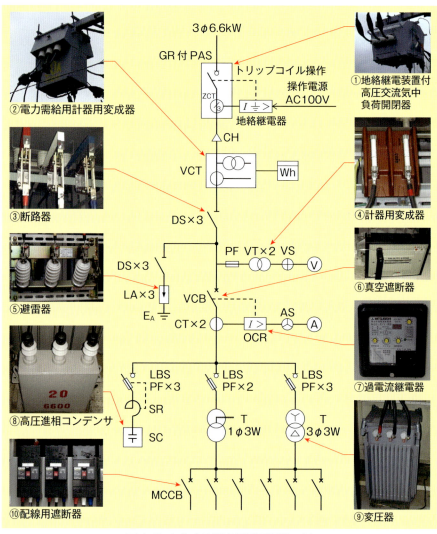

図1・9-1 ● CB形高圧受電設備の例

します。

(1) 地絡継電装置付高圧交流気中負荷開閉器(GR付PAS)

架空引込の場合には通常PASを使用します。PASは空気を消弧媒体としており、負荷電流を開閉する機能を持っていますが、短絡電流などの大電流は遮断できません。PASは、地絡継電装置が付属したものが使用されます。

(2) 電力需給用計器用変成器(VCT)

電力会社は使用電力量を測定するために、電力需給用の計器用変成器(VCT)を取り付けます。VCTで回路の電圧・電流を低圧、小電流に変成して取引用メータ(Wh)に入力して計量します。

(3) 断路器(DS)

断路器は、停電して高圧回路の点検を行うときや、工事などのときに、回路を確実に切り離す場合に使用します。断路器は、負荷電流を開閉することができないので、遮断器の電源側に設けて遮断器により電流を遮断した後、開閉操作を行います。

(4) 計器用変成器(ZCT・VT・CT)

微小電流や高電圧・大電流を計測する場合に、その回路を直接電圧計や電流計などの指示計器に接続することは、安全性や技術面、コスト面で不利になります。このため、地絡電流のような微小電流は増幅して、高電圧は安全な低電圧に、また大電流は小電流に変換して使用します。このように、計器用変成器は、それぞれの指示計器や保護継電器の入力レベルに合わせた計測信号に変成する機器です。

(5) 避雷器(LA)

避雷器は、高圧電路に雷などの異常電圧が侵入したときに、異常電圧による電流分を大地に流し、電路の絶縁を保護する役目を持っています。このため、高圧架空電線路から供給を受ける最大電力500kW以上の受電設備は、電技解釈第37条により避雷器の設置が義務付けられています。しかし、雷により被害を受けるリスクは受電設備の容量に関係しませんので、最大電力500kW未満の受電設備においても、襲雷頻度の高い地域については自主的に設置するのが望ましいです。

(6) 主遮断装置

主遮断装置は、自家用構内で過電流や地絡等の故障が発生した際に、電路の異常な電流を自動的に遮断する装置です。主遮断装置にはCB形とPF・S形とがあります。CB形は遮断器(CB)を使用し、PF・S形は限流ヒューズ

(PF)と高圧交流負荷開閉器(LBS)を組み合わせて使用します。

CB形は、故障電流を遮断するためのCBと故障電流を検知するセンサと遮断指令を出す保護継電器とで構成されています。

古い受電設備の遮断器(CB)には、油遮断器(OCB)を使用しているものもありますが、最近のものはほとんどが真空遮断器(VCB)です。真空遮断器は、真空中で電流を遮断するため、アークが高速に拡散するので、開極するだけで容易に電流を遮断できます。

PF・S形は、短絡等の大電流が通過した場合には限流ヒューズ(PF)が溶断して回路を遮断し、地絡時にはGRが動作して高圧交流負荷開閉器(LBS)をトリップさせます。

(7) 保護継電器

CB形高圧受電設備には、地絡継電器(GR)と過電流継電器(OCR)とが使用されています。GRは零相変流器で検知した地絡電流が一定レベル（通常200mA程度）以上になったときに動作し、遮断器を動作させます。地絡継電器には、地絡電流の大きさのみで動作するGRと自家用需要家の構内の地絡のみを検知する「方向性のあるもの」(DGR)とがあります。DGRは、遮断器の負荷側のケーブルが長く、対地静電容量が大きい場合に使用されます。

OCRは誘導円板形のものでは、変流器で検出した二次電流が一定レベルを超えたときに円板が回り、円板に付いている主接点が閉じたときに、遮断器を動作させる限時要素と短絡時に瞬時に遮断器を動作させる瞬時要素とがあります。最近のOCRは、誘導円板形に代わり静止形のものが多くなっています。

(8) 高圧進相コンデンサ・直列リアクトル(SC・SR)

誘導電動機、蛍光灯などの電気機器は、誘導性の負荷なので、遅れの無効電力を生じます。この遅れの無効電力を相殺し、力率を改善する機能を有するのが進相コンデンサです。電力会社では、基本料金に対し力率割引制度を設けており、力率85%を基準にして、100%になるまで割引(最大割引15%)が受けられるので高圧進相コンデンサが設置されます。また、力率改善により電力損失が低減する効果もあります。

高圧進相コンデンサには高調波抑制対策等を目的として、直列リアクトルを設置することになっています。

(9) 変圧器(T)

変圧器は、電力会社の高圧配電線から供給される高圧6 600Vを、負荷設

備の使用電圧（電灯用 100 V/200 V、動力用 200 V/400 V）に降圧するものです。一般の変圧器は、油入自冷式のものが多く使用されていますが、屋内式受電設備の場合は、難燃化のためにオイルレスのモールド形変圧器も使用されています。

（10） 低圧配電盤

　低圧配電盤は、電圧計、電流計及び配線用遮断器（MCCB）から構成されています。MCCB の二次側の幹線は、それぞれ構内の使用設備の分電盤などに接続されます。

コラム7　過電流継電器　　　　　　　　　　　　　　　　　column

　過電流保護装置として、最初はヒューズが使用されていましたが、今日の保護継電器の原型ともいえるプランジャ形が発明されたのは、1900 年（明治 33 年）にアメリカにおいてです。

　日本では、芝浦製作所が 1907 年（明治 40 年）に同じくプランジャ形を製作しました。プランジャ形継電器は、電流が一定レベル以上になると、電流コイルの電磁吸引力により可動鉄心（プランジャ）を引き上げて動作させる方式です。通常の負荷電流で不要動作したり、事故時に動作しないこともあったようです。

　その後、現在も使用されている誘導円板形継電器がアメリカで開発されたのは 1914 年（大正 3 年）です。日本ではプランジャ形と同様、芝浦製作所が 1920 年（大正 9 年）に製作しています。

　誘導円板形継電器は、プランジャ形に比べて、動作感度や動作時間の精度が著しくよくなったので、電気設備の信頼性も向上しました。

第2編
高圧受電設備の構成機器と材料

- 2・1　区分開閉器
- 2・2　引込ケーブル
- 2・3　電線・がいし類
- 2・4　電力需給用計量装置
- 2・5　断路器(DS)
- 2・6　遮断器(CB)
- 2・7　高圧交流負荷開閉器(LBS)
- 2・8　高圧カットアウト(PC)
- 2・9　変圧器(T)
- 2・10　高圧進相コンデンサ設備
- 2・11　避雷器(LA)
- 2・12　計器用変成器・指示計器
- 2・13　保護継電器
- 2・14　接地装置
- 2・15　非常用発電機
- 2・16　直流電源装置

2・1 区分開閉器

　区分開閉器は高圧需要家の受電点に設置され、電力会社との保安上の責任分界点となります。また、高圧事故時には迅速かつ確実にトリップして、波及事故を防止するという重要な役割を担っています。

1 区分開閉器の種類

　JEAC 8011（高圧受電設備規程）は、電気保安を確保するために施設上及び保守上守るべき事項を定めた規程です。これによると、電力会社と需要家の保安上の責任分界点には、区分開閉器を設置することを義務付けています。

　この区分開閉器は、JIS C 4607（引外し形高圧交流負荷開閉器）に適合した負荷開閉器ですが、絶縁・消弧材料及び設置場所の違いにより、**表2・1-1**の種類があります。また、区分開閉器に付属するトリップ装置の種類により、**GR付PAS**や**SOG付PAS**などと呼ばれます。

（1）　絶縁・消弧材料

　気中開閉器は、内部の絶縁に空気を使用しており、電路の開閉時に発生するアークを細隙形の気中消弧室内で消弧させます。保守点検が容易で安価なので、区分開閉器にはこのタイプの開閉器が多く使用されています。

　一方、ガス開閉器は、内部の絶縁にSF_6ガス（六ふっ化硫黄）を使用しており、電路の開閉時に発生するアークは、SF_6ガス中で消弧させます。SF_6ガスは絶縁性能及び消弧性能に優れていますが、地球温暖化係数が大きいので、最近は採用が難しくなっています。**写真2・1-1**は柱上設置の気中開閉器（PAS）、**写真2・1-2**は柱上設置のガス開閉器（PGS）です。

（2）　設置場所

　電力会社から架空線で引き込む場合は、PASやPGSなどの柱上設置の区

表2・1-1 ●区分開閉器の種類

絶縁・消弧材料	設置場所	名　称
空気（気中）	柱上	PAS（Pole mounted Air insulated Switch）
	地上	UAS（Underground Air insulated Switch）
SF_6ガス	柱上	PGS（Pole mounted Gas insulated Switch）
	地上	UGS（Underground Gas insulated Switch）

2・1 区分開閉器

写真2・1-1 ●気中開閉器(PAS)

写真2・1-2 ●ガス開閉器(PGS)

分開閉器を使用します。設置場所は構内の第1号柱(引込柱)です。

環境調和や安全性から、都市部などで地中配電を行っている箇所があります。この場合は、地中ケーブルで引き込むので、UASやUGSなどの地上設置の区分開閉器を使用します。設置場所は高圧キャビネット内です。

2 区分開閉器の構造

区分開閉器の外部構造を**写真2・1-3**と**写真2・1-4**に、内部構造を**写真2・1-5**に示します。なお、**写真2・1-3**と**写真2・1-4**は同じ区分開閉器を操作ハンドル側と反対側から見たものです。また、**写真2・1-5**は**写真2・1-3**、**写真2・1-4**とは別の区分開閉器です。

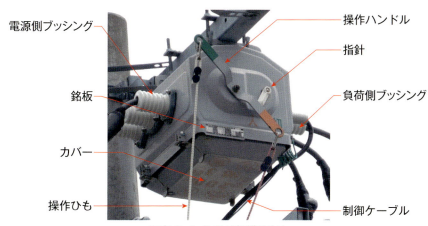
写真2・1-3 ●外部構造(1)

65

写真 2・1-4 ●外部構造（2）

写真 2・1-5 ●内部構造

3 区分開閉器の定格と選定

（1）定　格

　区分開閉器の性能を決める規格には、JIS C 4605（高圧交流負荷開閉器）とJIS C 4607（引外し形高圧交流負荷開閉器）とがあります。これらの規格で規定されている主要な定格を、**表2・1-2**に示します。

（2）選　定

●定格電流

　定格電流は負荷容量により決定しますが、負荷の変動や増設などを考慮して、通電電流の2倍以上とするのが望ましいです。ただし、定格電流は定格短時間耐電流や定格短絡投入電流、定格励磁電流開閉容量との組み合

2・1 区分開閉器

表 2・1-2 ●区分開閉器の定格

項目	内容	定格		規格
定格電圧	安定して使用できる電圧の上限値	7.2kV 公称電圧(6.6kV)×1.2/1.1		
定格電流	規定の条件で規定の温度上昇を超えることなく連続して流せる電流値	100A、200A、300A、400A、600A		
定格短時間耐電流	規定の条件で短時間(1秒間)流すことができる電流値	定格電流100A、200Aの場合	4kA、8kA、12.5kA	JIS C 4605
		定格電流300A、400Aの場合	8kA、12.5kA	
		定格電流600Aの場合	8kA、12.5kA	
定格短絡投入電流	規定の条件で短絡回路を投入したとき、流すことができる電流値。波高値で表す。投入可能回数はA級1回、B級2回、C級3回	定格電流100A、200Aの場合	10kA、20kA、31.5kA	
		定格電流300A、400Aの場合	20kA、25kA、31.5kA	
		定格電流600Aの場合	20kA、31.5kA	
定格過負荷遮断電流	規定の条件で遮断可能な過負荷電流値。遮断可能回数はA級1回、B級2回、C級3回	150A、200A、300A、400A、500A、600A 700A、800A、900A、1 000A、1 100A、1 200A		JIS C 4607
定格地絡遮断電流	規定の条件で遮断可能な地絡電流値	30A		
定格閉ループ電流開閉容量 定格負荷電流開閉容量	①定格閉ループ電流開閉容量 閉ループ回路を投入及び遮断できる電流値。開閉回数は、シリーズ1で10回 ②定格負荷電流開閉容量 負荷回路を投入及び遮断できる電流値。開閉回数は、 シリーズ1で100回、シリーズ2で200回	定格電流100Aの場合	100A	
		定格電流200Aの場合	200A	
		定格電流300Aの場合	300A	
		定格電流400Aの場合	400A	
		定格電流600Aの場合	600A	
定格励磁電流開閉容量	負荷が無負荷変圧器の場合に投入及び遮断できる電流値。開閉回数は、シリーズ2で10回	定格電流100Aの場合	5A	JIS C 4605
		定格電流200Aの場合	10A	
		定格電流300Aの場合	15A	
		定格電流400Aの場合	20A	
		定格電流600Aの場合	30A	
定格充電電流開閉容量	負荷が無負荷電路の場合に投入及び遮断できる電流値。開閉回数は、シリーズ1で20回、シリーズ2で10回	10A		
定格コンデンサ電流開閉容量	負荷が力率改善用コンデンサの場合に投入及び遮断できる電流値。開閉回数は、シリーズ2で200回	10A、15A、30A		

わせがあり、定格電流のみで区分開閉器を選定すると、他の定格を満足しない場合があるので注意が必要です。

● 定格短時間耐電流

区分開閉器は、短絡電流のような大電流は遮断できません。このため、区分開閉器と主遮断装置の間で短絡事故が発生した場合には、電力会社の保護装置が動作するまで区分開閉器には短絡電流が流れるので、これに耐える必要があります。したがって、定格短時間耐電流は受電点の短絡電流値以上のものを選定します。

● 定格短絡投入電流

定格短絡投入電流は、短絡時の最初の周波数における最大波高値（定格短時間耐電流の2.5倍）で機械的な耐力を表すものです。誤って、短絡状態のまま区分開閉器を投入した場合には、投入瞬時に突入電流が流れ大きな電磁力が働きますが、これに耐える必要があります。

● 定格過負荷遮断電流

JIS C 4607では、力率0.4〜0.6において過負荷電流遮断を認めていますが、通常、過負荷遮断は行いません。

● 定格地絡遮断電流

区分開閉器で地絡電流を遮断する場合は、配電系統の充電電流を計算して、その値が30 Aを超えないようにします。

● 定格励磁電流開閉容量

無負荷変圧器の励磁電流値以上のものを選定します。

● 定格充電電流開閉容量

無負荷電路の充電電流値以上のものを選定します。構内のケーブルなどの充電電流は、静電容量から計算します。

● 定格コンデンサ電流開閉容量

負荷が力率改善用コンデンサの場合、流れる電流値以上のものを選定します。

（3） 機器銘板

銘板には機器の規格や仕様が記載されており、その機器の性能を表しています。**写真2・1-6**は、SOG付PASの銘板例です。この銘板の区分開閉器の定格を、**表2・1-3**に示します。

2・1 区分開閉器

写真2・1-6 ●区分開閉器の銘板例

表2・1-3 ●区分開閉器の定格例

項　目	定　格	備　考
定格電圧	7.2kV	
定格電流	200A	
定格耐電圧	60kV	雷インパルス
定格短時間耐電流（1秒間）	8kA	
定格短絡投入電流	C20kA	C級は3回
定格過負荷遮断電流	C400A	C級は3回
ロック電流値	350±50A	過電流を検出した場合に動作をロックする電流値
定格負荷電流開閉容量	200A-200回	銘板には記載なし（力率0.65以上）
定格励磁電流開閉容量	10A-1 000回	銘板には記載なし
定格充電電流開閉容量	10A-1 000回	銘板には記載なし
耐塩じん汚損性能	0.35mg/cm^2	銘板には記載なし（耐重塩）

4 耐塩じん汚損性能

　塩害とは、塩分を含む風や雨、汚れなどによって電気機器に腐食やサビが発生する被害のことです。塩害が進行すると開閉器の表面に、穴が開いて内部に塩分を含む外気や水分などが入り込み、絶縁が低下します。海岸部に近い場所に開閉器を設置する場合、海から到達する塩分による影響を受けるので、盤の表面塗装を塩害対応品にしたり、材質をステンレスなどにして、サビに備える必要があります。

　一般的に、表2・1-4のように海岸からの距離により、「重塩じん地区」、

表2・1-4 ●開閉器の汚損仕様

汚損地区	開閉器の種類	汚損度（等価塩分付着量）〔mg/cm²〕		海岸からの概略距離〔km〕	
		負荷開閉器外面（ブッシングを含む）	口出し線方式のがい管	台風に対して	季節風に対して
一般地区	一般用	0.03	0.03	—	—
軽塩じん地区	耐軽塩じん用	0.06	0.03	10～50	3～10
中塩じん地区	耐中塩じん用	0.12	0.06	3～10	1～3
重塩じん地区	耐重塩じん用	0.35	0.12*	0～3	0～1

（備考）＊モールドコーンなどで口出し線を強化したものは、0.06mg/cm²でよい。

「中塩じん地区」、「軽塩じん地区」、「一般地区」と区別して、塩害対策を施すことになります。地域によって塩分の届く距離に差があり、実際に飛来する塩分の量は、海岸線の形状や風向、海抜などに影響を受けるため、一概に何mから耐重塩じんとするか、耐中塩じんとするかを判断することは困難です。近くに河川などがある場合には、海岸から相当離れていても塩害が発生する場合があります。したがって、周辺地域の状況を十分に確認することが重要です。既存の周辺設備のサビの出方なども考慮し、塩害仕様を決定するのが望ましいでしょう。

通常、屋外用PASの耐塩仕様は耐重塩じん用ですが、設置場所（条件）により、次のような使い分けも必要です。

- 海岸に近い場所で塩害のひどい場所→ステンレス製ケース形
- 温泉地帯などの腐食性ガスのある場所→ステンレス製ケース形
- 塩害がひどくない場所→鋼板製塗装品（ケースの塗装に衝撃等による傷を付けたりしない限り十分使用に耐える）

5 雷害対策

（1）雷害対策の必要性

ほとんどの区分開閉器は柱上にあり、かつ引込口に設置されます。このため、配電線から雷サージが侵入する機会が多いので、雷害対策が必要になります。実際に、波及事故の原因で常に上位を占めるのは、雷により区分開閉器が絶縁破壊されたことによるものです。

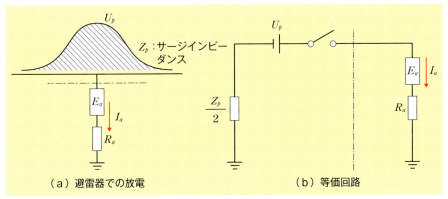

図2・1-1 ●避雷器による誘導雷の抑制原理

(2) 避雷器

　雷サージの抑制に最も効果のあるのは、避雷器の設置です。避雷器により雷電圧が抑制される原理を、図2・1-1により説明します。

　この図のように、線路の中間点に避雷器があり、これに雷サージが加わって大地に放電した場合を考えます。この場合、避雷器がない場合に発生する対地電圧 U_p と避雷器がある場合に発生する対地電圧 U_s は、次式のようになります。

$$U_s = E_a + I_a R_a = U_p - \frac{1}{2} I_a Z_p$$

　ただし、U_s：避雷器により抑制された対地電圧〔kV〕
　　　　　E_a：避雷器の制限電圧〔kV〕
　　　　　I_a ：避雷器放電電流〔kA〕
　　　　　R_a：避雷器の接地抵抗〔Ω〕
　　　　　U_p：避雷器がない場合の対地電圧〔kV〕
　　　　　Z_p：電線のサージインピーダンス〔Ω〕

　この式に、標準的な値である、E_a：33〔kV〕、I_a：2.5〔kA〕、R_a：10〔Ω〕、Z_p：400〔Ω〕を代入すると、

$$U_s = E_a + I_a R_a = 33 + 2.5 \times 10 = 58 \text{〔kV〕}$$

$$U_p = U_s + \frac{1}{2} I_a Z_p = 58 + \frac{1}{2} \times 2.5 \times 400 = 558 \text{〔kV〕}$$

となります。

避雷器がない場合の雷サージ558kVが、避雷器を設置することにより58kVに抑制されることになります。ただし、実際には避雷器は線路の中間点ではなく末端に設置されます。この場合線路のインピーダンスが変わるため、サージの反射などの影響により、より過酷な条件となります。

(3) PASと避雷器の接地
●共用接地

共用接地の場合、雷サージにより避雷器が放電したときはPASの充電部と外箱間の電位差は、接地抵抗の大きさに影響されずに、避雷器の制限電圧となります。避雷器の制限電圧は33kV(JIS C 4608「高圧避雷器」)、PASの耐電圧値は60kV(JIS C 4607「引外し形高圧交流負荷開閉器」)なので、避雷器が正常動作すればPAS本体は保護されます。

●単独接地

図2・1-2に、PAS本体と避雷器の接地をそれぞれ単独に接地した場合の回路を示します。このとき避雷器が放電すると、避雷器接地点の電位は制限電圧だけでなく、接地抵抗に比例した対地電位上昇も加わります。したがって、これに近接して設置したPAS本体の接地極には、接地極間の電位干渉により電圧が移行します。このため、PASの充電部と外箱間には制限電圧以上の電圧が加わり、放電電流や接地抵抗の大きさによっては、PASの耐サージ電圧を超える場合があります。

このように、単独接地は共用接地に比べると、避雷器の保護効果が低下します。

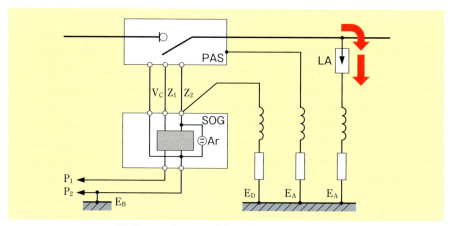

図2・1-2 ● PAS本体と避雷器の単独接地

（4） SOGの雷害対策

PASの雷害対策といえば、通常PAS本体の雷害対策を考えます。しかし、高圧回路であるPAS本体の耐雷強度が十分であっても、制御装置であるSOG回路が雷害により焼損する場合が多くあります。

低圧回路である制御装置の雷害対策は、内部の耐雷素子と接地線の接続方法に大きく関係するので、その接続方法を間違えると耐雷効果の低減を招きます。

各メーカーでは、それぞれ電位差が発生する場所に低圧アレスタや低圧サージアブソーバを適切に設置して、制御装置の雷害性能の向上を図っています。したがって、PASの取扱説明書などを参考にして、メーカーの標準通り施工することが重要です。

JIS C 4607では、低圧充電部と対地間の雷インパルスに対する耐電圧は、7kVと規定されています。

（5） 制御電源用変圧器(VT)、避雷器(LA)内蔵開閉器

VT、LA内蔵開閉器の場合は構造的に、PAS本体と避雷器及びSOG装置とは共用接地になります。また、SOG装置の電源もPAS本体内のVTから供給されますので、PAS本体とSOG装置の接地系統が完全に一体化されます。

PAS内蔵の避雷器が動作すると、PAS外箱の電位が上昇しますが、SOG装置も一緒に電位上昇するので、PAS本体とSOG装置間に電位差が発生しません。VT、LA内蔵開閉器は雷害対策に最も適した方式ですので、区分開閉器を設置する場合には、このタイプを選定するのが望ましいことです。

ただし、警報回路などが別電源系統となる場合は、電位差が発生するのでサージアブソーバなどが必要となります。参考に、VT、LAの仕様例を**表2・1-5**に示します。

表2・1-5 ● VT、LAの仕様例

VT		LA	
種類	モールド形、単相	特性要素/ギャップ	ZnO素子/ギャップレス
定格電圧	6 600/105V	定格電圧	8.4kV
定格負担	25VA	公称放電電流	2 500A
定格周波数	50/60Hz	定格周波数	50/60Hz
定格耐電圧（商用周波/インパルス）	22/60kV	動作開始電圧	17kV以上（波高値）
		制限電圧	36kV以下

6 保護機能

　引外し形高圧交流負荷開閉器には、保護機能として地絡保護装置（GR）が付属しています。地絡保護装置には、地絡電流の大きさのみで動作する無方向性タイプ（GR：Ground Relay）と、地絡電流と零相電圧で動作する方向性タイプ（DGR：Direction Ground Relay）があります。

　また、最近の区分開閉器はSOG（Strage Overcurrent Ground）機能が付属しているのが一般的です。遮断装置（遮断器や限流ヒューズ）は短絡電流のような過電流を遮断できますが、高圧交流負荷開閉器はこのような大電流を遮断する能力がありません。したがって、区分開閉器から遮断装置までの短絡事故は保護されないことになります。しかし、SOGがあれば、遮断装置の電源側の短絡事故でも、波及事故になることを防止できます。**表2・1-6**はSOGの動作と機能ですが、短絡時には動作しないで停電してから動作す

表2・1-6 ● SOGの動作

事故の種類	保護機能の名称	動作	機能	配電線	構内
地絡事故	G（地絡）動作	構内で地絡事故が発生した場合に、電力会社の地絡継電器よりも早く動作して、開閉器を開放する。	配電線を停電させてしまう波及事故を防止できる。	停電しない。	停電する。
短絡事故	SO（過電流蓄勢）動作	①構内で短絡事故が発生した場合、開閉器はこの過電流を検出して動作をロックする。②この過電流により電力会社の過電流継電器が動作し遮断器が開放、配電線が停電する。③開閉器は、過電流検出後に停電を検出すると、自動的に開閉器を開放する。④一定時間後、電力会社の遮断器が再投入される。⑤開閉器は開放されて、事故点は切り離されているので、配電線は復電する。	開閉器は停電状態で開放するので開放可能。また、再送電が成功すれば、波及事故とはならない。	短時間停電する。	停電する。
地絡・短絡同時発生	短絡事故と同じ	短絡事故と同じ	短絡事故と同じ	短絡事故と同じ	短絡事故と同じ

ることにより、これを可能としています。この場合、配電線は短時間停電しますが、再閉路成功の場合は波及事故扱いとはなりません。

7 区分開閉器のハンドル操作

区分開閉器は、保護装置が動作したときは自動で開放しますが、解放後に投入する場合や停電復電操作などのときは手動で入切します。

（1） 入切操作

手動で区分開閉器を入切するには、**写真2・1-7**のように操作ハンドルに結ばれた操作ひもを使用します。
① 固定してある区分開閉器の操作ひもをほどき、「入」と「切」のひもがフリーになっているのを確認する。
② 操作しようとする側のひもに力を入れて一気に引っ張る。途中で止めないこと。中間位置で止まると危険。
③ 区分開閉器本体の指針（**写真2・1-8**）で「入」「切」状態を確認する。
④ 最初に引っ張った側のひもを固定し、その後他方のひもを固定する。

（2） リセット操作

「入」状態で事故が発生すると、区分開閉器は自動開放して、指針は「切」を示します。しかし、操作ハンドルは操作ひもで固定されているので、投入状態のままになっています。したがって、操作ハンドルを「切」状態から「入」状態にするには、リセット操作が必要です。リセット操作は「切」側の操作ひもを引くことにより行います。

（3） 操作ひもの固定

操作ひもを使用しないときは、たるみのないように足場ボルトに固定する

写真2・1-7 ●開閉器操作ハンドルとひも

写真2・1-8 ●開閉器指針

写真2・1-9 ●固定用器具（電柱上で操作）

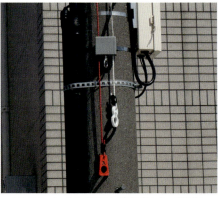
写真2・1-10 ●固定器具（地上で操作）

か、固定用器具（写真2・1-9、写真2・1-10）を使用します。区分開閉器はトリップフリーなので、操作ひもで操作ハンドルを固定していても、トリップ動作には支障はありません。

写真2・1-9の器具は、区分開閉器の入切や操作ひもの固定を電柱上で行うものです。写真2・1-10は、これらの操作が地上で行えるものです。

8 区分開閉器の事故

高圧事故の原因として最も多いのが、区分開閉器です。これは、区分開閉器が屋外設置のため、過酷な環境の影響を受けやすいことによります。したがって、適切な保守管理と計画的な更新により、事故防止に努めなければなりません。

（1） カラスの巣

カラスは2月～6月ごろが繁殖期で、巣作りの時期です。この時期には電柱の上に巣を作る事例が増えています。カラスの巣には、木の枝の他に金属製のハンガーなど、電気を通す材料が使われるケースがあり、区分開閉器や電線に接触すると事故になるおそれがあります。写真2・1-11は区分開閉器の上に巣を作ったものですが、このような場合は、早期に巣を撤去する必要があります。

事故防止には、営巣防止器具を取り付けるのも効果があります。写真2・1-12は回転式のものです。黄色の風車部分が風により回転します。この他に、針山や傘の骨組みのような形状のものを取り付けて、カラスを寄せ付けないものもあります。

写真2・1-11 ●カラスの巣

写真2・1-12 ●営巣防止器具

写真2・1-13 ●雷害事故を起こした区分開閉器

(2) 雷サージ

写真2・1-13は配電線から侵入した雷サージにより、区分開閉器の内部で地絡・短絡したものです。事故により内部の圧力が急激に上昇したため、外箱が変形しています。特に上部のふくらみが著しくなっています。また、内圧上昇時の安全弁の役目をする制御線の口出し部が吹き飛んでいます。この区分開閉器には避雷器は設置してありませんでしたが、雷対策としてはやはり避雷器の設置が基本となります。

(3) 冠 雪

写真2・1-14は、区分開閉器に積もった雪が成長して大きくなったものです。このような状態になると、雪の重みで腕金が変形したり、電線の離隔が狭くなったりして、事故のおそれがあります。停電して、早急に雪を落とす必要があります。

写真2・1-14 ●冠雪状況

写真2・1-15 ●ブッシング損傷

写真2・1-16 ●区分開閉器内部

（4） ブッシング

写真2・1-15は電源側のブッシング（左側）が損傷したものです。これにより地絡事故が発生したが、電源側は保護装置の保護範囲外なので、波及事故となってしまいました。写真2・1-16は、事故を起こした区分開閉器の内部ですが、特に異常は見られません。

この事故は、雨水がリード線を伝わってがいし部分に溜りやすくなっていたため、凍結してヒビが入り、その後凍結と溶解を繰り返してヒビ割れが拡大、事故に至ったものと思われます。防止対策としては、リード線接続に防水スリーブを使用して水切りをする、あるいは、リード線をがいし部より低くし、雨水ががいしに入らないようにするなどです。

（5） サ　ビ

写真2・1-17では、外箱下部の周囲にサビが発生しています。これが進行すると最終的には外箱に穴が開き、内部に雨水が浸入し事故になるおそれ

写真2・1-17 ●外箱のサビ

があります。区分開閉器は高所に設置してあり点検しづらいので、双眼鏡を使用したり、場合によっては、高所作業車を使用しての点検が必要になります。

> ### コラム8　区分開閉器への水分浸入　column
>
> 　区分開閉器の外箱の腐食や変形あるいはパッキンの劣化などにより、内部に水分が浸入することがあります。これを放置すると波及事故になり、大きな損害が発生するおそれがあります。区分開閉器の内部へ水分が浸入しているかどうかを判定するのに、制御回路の絶縁抵抗を測定する方法があります。
>
> 　これは、区分開閉器の内部へ水分が浸入すると、過電流検出スイッチや端子台に水分が付着して制御回路の絶縁抵抗が低くなることを利用したものです。
>
> 　具体的には、電柱に取り付けてある地絡保護装置の制御回路端子からトリップコイル(通常、端子番号は V_a、V_b、V_c)の絶縁抵抗を測定して、判断します。
>
> 　また、区分開閉器内部への水分浸入により、トリップコイルが腐食して断線、あるいはレアショートして抵抗値が変化することがあります。これは、トリップコイルの抵抗を測定することにより確認できます。
>
> 　このように、トリップコイルの絶縁抵抗や抵抗を測定することにより、内部の状況を推定することができますので、定期的に測定することをおすすめします。
>
> 　参考に、判定の目安を表に示します。
>
> | トリップコイル | 要取り替え | 要注意 |
> |---|---|---|
> | 絶縁抵抗 | 1MΩ以下 | 1MΩ超過～100MΩ未満 |
> | 抵抗 | ∞(断線) | メーカー管理値外 |

2・2 引込ケーブル

1 高圧CVケーブルの種類

（1） CVケーブルとは

CVケーブルは「架橋ポリエチレン絶縁ビニルシースケーブル」の略称で、英語では「crosslinked polyethylene insulated PVC sheathed cable」と称されます。絶縁体に架橋ポリエチレン、シース（外装）に塩化ビニルを使用した電力用のケーブルです。現在、プラスチックケーブルの絶縁材料の主流となっており、600Vから500kVの広い範囲の電圧で使用されています。

ポリエチレンは、電気的性能（誘電率、誘電正接、絶縁耐力等）に優れた絶縁材料ですが、耐熱性能はそれほど高くありません。架橋ポリエチレンは、図2・2-1のようにポリエチレン分子を架橋反応により立体網目状構造にして、耐熱性能を高めたものです。これにより、最高許容温度が90℃、短絡時許容温度も230℃の高温まで耐えるようになります。

（2） 種類

● CVケーブル

3心一体構造のケーブルです。3心の導体（架橋ポリエチレンで絶縁し

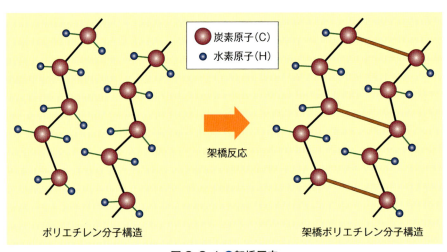

図2・2-1 ●架橋反応

たもの）をより合わせて、すきまに介在物を充填し、円形に仕上げたものです。ビニルシースは一括して施します。

● CVT ケーブル

単心ケーブルを 3 本より合わせたのが、CVT ケーブル（トリプレックス形）です。CVT ケーブルは 3 心 CV ケーブルに比べて、下記のような特徴があるので、最近は CVT ケーブルの使用が多くなっています。

- 単心ケーブルと同じように扱えるので、端末処理が容易である。
- より合わせ構造のため曲げやすい。また、放熱がよいので、3 心 CV ケーブルより許容電流が大きい。
- ケーブル外形は 3 心 CV ケーブルより大きいが、介在物がないため重量は軽い。
- 線心がそれぞれ別々のシースで保護されているので、1 線地絡時に相間短絡に移行しにくい。

● エコケーブル

エコケーブルとは、従来の一般ケーブルよりも環境への影響を考慮したケーブルであり、環境にやさしい材料を使用したケーブルの総称です。ケーブル名称に、EM という記号が付いています。

例えば、EM 6.6kV CE/F ケーブルは、絶縁材料は架橋ポリエチレンですが、シースにビニルの代わりに耐燃性ポリエチレンを使用しており、燃やしても有害なダイオキシンやハロゲンガスを発生しません。

● 耐火ケーブル

耐火ケーブルは、耐火性能を持った電力用ケーブルで、防災用の機器に電源を供給する場合に使用します。絶縁材料は架橋ポリエチレンですが、840℃で 30 分耐えられる性能を有しています。露出配線用として使用する場合は FP ケーブル、露出配線及び電線管に入れて使用する場合は FP-C ケーブルとなります。

2 高圧 CV ケーブルの構造

図 2・2-2 に、CV ケーブルの構造を示します。

（1）導 体

導体は電流を流すためのものであり、導体の材料には現在、銅とアルミニウムが採用されています。アルミニウムは銅に比べて安価ですが、導電率が小さいので、絶縁物やシースの価格が占める割合が大きくなります。このた

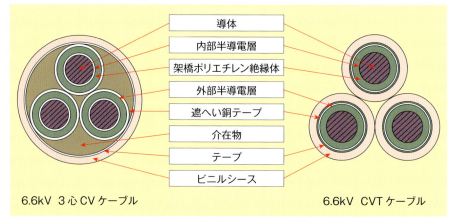

図2・2-2 ● CVケーブルの構造

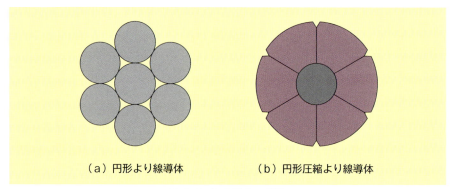

図2・2-3 ● 導体の構造

め、高圧ケーブルには、通常は銅を使用します。銅の中でも曲げやすさなどから軟銅線を使用しています。

導体の構造は、図2・2-3のように、円形より線と円形圧縮より線とがあります。円形より線は、素線を同心状により合わせたもので、主として$8mm^2$以下に使用されます。一方、円形圧縮より線は素線を同心状により合わせて圧縮したもので、主として$14mm^2$以上に使用されます。また、$800mm^2$以上の太物には、セグメントに分割された成形圧縮導体をより合わせた分割圧縮より線を使用します。

（2） 内部半導電層

導体上の内部半導電層の有無による電界分布を、図2・2-4に示します。この図からわかるように、半導電層を設けることにより電界分布を均一化し、

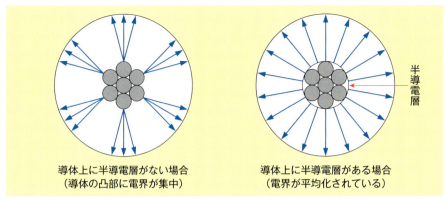

図 2・2-4 ●内部半導電層の有無と電界分布

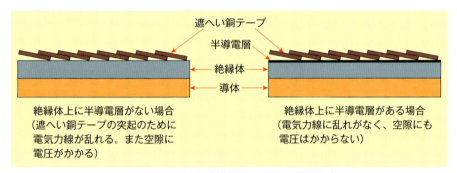

図 2・2-5 ●外部半導電層の有無と電界分布

局部的な電界集中を避けることができます。また、導体(金属)と絶縁体(有機物)との間には両者の膨張係数の差異により、どうしても空隙ができてしまい、ここに電界が集中して部分放電が発生しやすくなります。半導電層を設けることにより、半導電層が絶縁体側に密着するので、半導電層と絶縁体との間の空隙をなくすことができます。

(3) 架橋ポリエチレン絶縁体

ポリエチレン分子を結合させて、架橋ポリエチレンとしたものです。当初は架橋のために水蒸気(湿式架橋)が使用されましたが、水トリー問題が発生したため、現在は高圧不活性ガス(乾式架橋)を使用しています。

(4) 外部半導電層

絶縁体上に設ける外部半導電層も内部半導電層と同じく、二つの目的を持っています。

- 電界分布を均一化するのを目的としたもので、図 2・2-5 のように、

遮へい銅テープの角部の電界集中を防止する。
- 遮へい銅テープと絶縁体との間の空隙をなくし、部分放電を抑制する。

（5）　遮へい銅テープ

　感電防止及び絶縁体に加わる電界を均一にするために、遮へい銅テープは終端部で接地します。また、遮へい銅テープは、ケーブルの充電電流や地絡電流を流す目的もあります。

（6）　介在物

　CVケーブルの場合3心の導体をより合わせるため、すきまができます。これを埋めるための材料が介在物で、紙、ポリプロピレン、ジュートなどを使用します。

（7）　テープ

　心線や介在物などを丸く固定するもので、押え巻きテープともいいます。なお、テープを使用しない場合もあります。

（8）　ビニルシース

　絶縁体を、外傷、水分、有害物質から保護する目的で、黒色のビニルシースを設けます。なお、耐薬品性が要求される場合は、ポリエチレンシースを使用する場合があります。

3 高圧CVケーブルの選定

（1）　許容電流

　許容電流とは、ケーブルに流すことができる電流の最大値です。ケーブルに電流を流すと、導体が持つ若干の抵抗によりケーブルが発熱します。この発熱により、ケーブルが劣化したり被覆が溶融したりするため、流すことができる電流値を制限しています。したがって、想定される負荷電流以上の許容電流のケーブルを使用する必要があります。
　許容電流は、ケーブルの使用条件（周囲温度、配置、布設方法、条数など）により異なるので、これらを確認してケーブルサイズを選定します。また、ケーブル亘長が長い場合には、許容電流だけではなく、電圧降下も考慮する必要があります。表2・2-1に、高圧CVケーブルの許容電流を示します。

（2）　短絡時許容電流

　短絡時許容電流とは、事故時など極めて短時間（保護装置が動作して回路を遮断するまで）ケーブルが損傷しないで耐えられる電流の最大値です。ケーブルサイズの選定には、負荷電流と許容電流の関係以外に、短絡時許容電流

表2・2-1 ●高圧CVケーブルの許容電流(日本電線工業会規格 JCS 0168-3)

公称断面積 $[mm^2]$	気中・暗きょ布設(1回線)[A]		気中・暗きょで電線管内布設[A]		直接埋設(1回線)[A]		管路布設(1回線)[A]	
	CV3心	CVT	CV3心	CVT	CV3心	CVT	CV3心	CVT
8	61	—	52	—	70	—	58	—
14	83	—	69	—	90	—	79	—
22	105	120	89	95	120	135	100	110
38	145	170	120	130	160	180	135	155
60	195	225	160	175	210	235	175	200
100	265	310	220	235	280	310	235	270
150	345	405	285	305	350	390	295	340
200	410	485	340	370	405	450	350	400
250	470	560	400	430	455	510	395	450

の検討も必要です。これは、短絡電流などの大電流が流れたときでも、ケーブルが損傷してはならないからです。

銅導体の場合の短絡時許容電流は、短絡前の導体温度を90℃、短絡時の最高許容温度を230℃とすると、次式で求められます。

$$I_s = 134 \times \frac{S}{\sqrt{t}}$$

ただし、I_s：短絡時許容電流[A]
　　　　S：導体の断面積$[mm^2]$
　　　　t：短絡電流の持続時間[sec]

この式で、6.6kV CV 38mm^2の短絡時許容電流を求めてみます。短絡電流の持続時間を0.15秒(OCRの瞬時要素50ms+5サイクル遮断器)とすると、

$$I_s = 134 \frac{S}{\sqrt{t}} = 134 \times \frac{38}{\sqrt{0.15}} \fallingdotseq 13\,150 [A]$$

これより、受電点の短絡電流が12.5kAの場合、38mm^2以上の太さのケーブルを選定することになります。

(3) 半導電層によるケーブル選定

半導電層は前述のように、絶縁体との密着をよくして空隙をなくすことや電界の集中を防ぐためのものです。この半導電層の製造方法には、テープ巻方式と押出し方式とがあります。内部半導電層と外部半導電層の組み合わせにより、ケーブルには表2・2-2の種類があります。

表2·2-2 ●半導電層の組み合わせ

内部半導電	外部半導電層	名　称
半導電性布テープ	半導電性布テープ	T-T 形
押出し半導電層	半導電性布テープ	E-T 形
押出し半導電層	押出し半導電	E-E 形

　現在、内部半導電層は押出し方式が標準で、外部半導電層がテープ巻方式（E-T形）か押出し方式（E-E形）かの2種類があります。このうちE-E形はE-T形に比べて耐水トリー性が優れていますので、地中管路内での布設など、水の影響がある場合には、E-E形の使用を推奨します。なお、E-E形は内部半導電層、絶縁体、外部半導電層の3層を一括同時押出し成形したものです。

4　端末処理（終端接続）

（1）ストレスコーン

　高圧ケーブルの両端は電線や高圧機器に接続されますが、このときの端末処理で遮へい層をはぎ取ります。通常、遮へい層と導体との間の絶縁体には、均一な電界（電位差）が生じています。しかし、遮へい層をはぎ取ると、ケーブル端末部の電界は、図2・2-6（a）のように遮へい層の切断部近くに集中

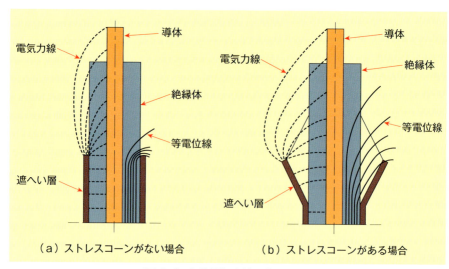

図2·2-6 ●電気力線と等電位線

し、ここにストレスがかかり、ケーブルの耐電圧性能は、大きく低下することになります。この場合、図2・2-6(b)のように、遮へい層の切断点近くに絶縁テープで円錐体を作ることにより、電界の集中を緩和することができます。これをストレスコーンといい、端末処理作業の重要な部分です。以前は、ストレスコーンを絶縁テープと鉛テープで作成していたので、作成者の技量により耐電圧性能が左右される場合がありました。最近は、ストレスコーンを工場で成形しておき所要の寸法で挿入すればよい、差込式工法が一般的となっています。

（2） 端末処理の種類

端末処理には、様々な種類があるので、設置場所や設置環境を考慮して

写真 2・2-1 ●テープ巻形（CV）

写真 2・2-2 ●ゴムとう管形（CV）

写真 2・2-3 ●耐塩害形（CV）

写真 2・2-4 ●ゴムとう管形（CVT）

写真 2・2-5 ●端末処理部の作成作業

最適なものを選定します。CV ケーブルで使用する主要な端末処理の例を写真 2・2-1 〜写真 2・2-3 に示します。写真 2・2-1 はテープ巻形、写真 2・2-2 はゴムとう管形、写真 2・2-3 は耐塩害形です。テープ巻形やゴムとう管形は一般地区、耐塩害形はがいし形とも呼ばれ塩じん地区で使用されます。また、屋外用には雨覆が付属します。

写真 2・2-4 は、CVT ケーブルの端末処理で、ゴムとう管形です。写真 2・2-5 は端末処理作業を行っているところです。

5 ケーブルの劣化

（1） 劣化要因と形態

ケーブルの劣化要因と劣化形態には様々なものがありますが、主なものを表 2・2-3 に示します。

（2） 事故事例

●機械的ストレスによる事故

地絡事故の事例です。ケーブルは 6.6kV CV 38mm^2、長さ 55m で、製造から 17 年が経過していました。事故時の絶縁抵抗は、赤相 0.6MΩ（1 000V メガ）、白相と青相は 20 GΩ（5 000V メガ）であり、赤相の絶縁破壊です。

事故原因は、写真 2・2-6 のように、保護管を使用しないでケーブルを直接 H 鋼に接触させて布設したため、長期間にわたり H 鋼の角によるストレスを受けて、徐々に劣化が進行したものです。

写真 2・2-7 は絶縁破壊した部分ですが、シースに穴が開いています。

表2・2-3 ●ケーブルの劣化要因と劣化形態

劣化要因		劣化形態
電気的要因 (運転電圧、開閉サージ、雷サージなど)	部分放電劣化	絶縁体中のボイド、絶縁体と遮へい層の間の空隙などに部分放電が発生し、これが繰り返されると絶縁体が劣化する。
	電気トリー劣化	絶縁体の内部や表面が局所的に高電界となると、局部的に破壊が生じる。この破壊は、樹枝状に進展していく。
	水トリー劣化	絶縁体中に浸入した水と異物や空隙、突起などに加わる局部的な高電界との相乗作用により、欠陥が発生して樹枝状に進展していくもの。電気的トリーと区別する意味で、水トリーと呼んでいる。
	トラッキング劣化	塩分やじんあい、湿気などにより、端末部の表面の絶縁抵抗が低下すると表面リーク電流が流れる。これにより局部的な放電が発生し、材料の表面が熱劣化し、炭化導電路(トラック)ができる。
熱的要因 (異常温度上昇)	熱劣化	架橋ポリエチレンなどの高分子材料は長時間高温にさらされると、熱と酸素によって分子鎖が切断され、引っ張り強さ、伸びの低下をきたすことがある。このような物性の低下が著しいと、絶縁性能が低下する。
化学的要因 (油、化学薬品、溶剤、紫外線など)	化学的劣化	油や薬品が内部へ浸透することにより材料の膨潤や化学的分解などが生じ、絶縁抵抗の低下や$\tan \delta$の増加となる。また、硫化物が絶縁体を透過して銅導体と反応して硫化銅などを生成し、絶縁体中に樹枝状に進展する。これを化学トリーという。
機械的要因 (衝撃、振動、圧縮、引っ張り、外傷など)	機械的劣化	衝撃、振動、圧縮、引っ張り、外傷などによりケーブルに亀裂や変形などが発生する。
その他の要因 (動植物による食害や孔害など)	生物的劣化	シロアリやネズミの食害、キツツキによる穴あけなど。
	複合的劣化	上記要因が複合的に作用して劣化する。

写真2・2-6 ●H鋼とケーブルの接触

写真2・2-7 ●絶縁破壊箇所

地絡箇所

FEP 管で敷設した

写真 2・2-8 ●解体したケーブル　　写真 2・2-9 ●波付硬質ポリエチレン管（FEP）

　また、**写真 2・2-8** はケーブルを解体したところです。赤相以外にもすの付着が確認できますが、絶縁体が損傷しているのは赤相のみです。他の相は赤相のアークを被ったものです。**写真 2・2-9** は復旧した状況です。ケーブルは波付硬質ポリエチレン管（FEP 管）に入れて、H 鋼部分では曲げ半径を大きくとっています。

● 経年劣化による端末部の事故

　地絡事故の事例です。**写真 2・2-10** のように、屋外ケーブルの端末部（6.6kV CV 60mm^2）の三叉分岐部が損傷して、穴があいているのを確認できました。絶縁抵抗は 0 MΩ でした。このケーブルは製造後 30 年が経過し、経年劣化による事故と判断されました。

　なお、事故の 1 カ月前に実施した年次点検では、ケーブルの絶縁抵抗は

写真 2・2-10 ●端末部の損傷

5 000 V メガで測定して 30 GΩ（ガード接地法）でした。事故時の経済的損失と劣化診断の難しさを考慮すると、古いケーブルは早めの更新が望まれます。

● フォークリフトでケーブルを破損

　ケーブル焼損の事例です。写真 2・2-11 のように地中から立ち上げてキュービクルへ引き込んでいる高圧ケーブル（6.6 kV CVT 38 mm^2）と PAS の制御電源（100 V）が焼損しました。写真 2・2-12 は焼損部を拡大したものですが、立ち上がり部とボックス内でケーブル被覆が焼損して、素線の一部も断線しているのがわかります。現場のスタッフに聞き取り調査をしたところ、事故前日にフォークリフトを運転中の作業者が、誤ってフォークの先端をケーブルに接触させていました。そのときは事故に至らなかったが、当日の降雨により損傷箇所から雨水が浸入して、絶縁が破壊したものと推定できます。

写真 2・2-11 ●ケーブルの焼損

写真 2・2-12 ●焼損部の拡大

写真 2・2-13 ●復旧状況

写真2・2-14 ●受電ケーブル　　　写真2・2-15 ●損傷箇所

　作業車やトラックなどの接触によるケーブルの損傷は、毎年多く発生しています。ケーブル類は損傷のおそれのない場所に設置することが好ましく、また、防護装置の設置や危険表示なども効果があります。**写真2・2-13**は復旧した状況です。立ち上がり部を鉄板で防護しています。また、手前にはフェンスを設置しました。

● キツツキによるケーブル穴あけ

　事故に至る前に発見した事例です。**写真2・2-14**の高圧受電ケーブル（CVT38mm²）の定期点検時に見つけました。このケーブルは6年前に製造された比較的新しいものですが、**写真2・2-15**のように、ケーブル外装がキツツキについばまれて損傷しています。傷の深さから推測すると、ここからケーブル内部に水分が浸入しているものと判断できます（このケーブルは後日交換しました）。

　山間部の屋外ケーブルでは、キツツキだけでなく、リスやねずみなどのげっ歯類や昆虫類などの生物被害も報告されているので、注意が必要です。

6 絶縁診断

（1）絶縁抵抗測定による診断

　通常、定期点検時に行っている診断方法です。絶縁抵抗測定を行って、その測定値により判定します。また、絶縁抵抗値は今後、精密診断を行う必要があるかどうかの判断基準にもなります。ケーブル単体の絶縁抵抗を測定するには、開閉器やVCTを切り離す必要がありますが、時間的な制約により実施できないことが多くあります。この場合は、**図2・2-7**のような、G端子接地方式（ガード接地法）で測定します。

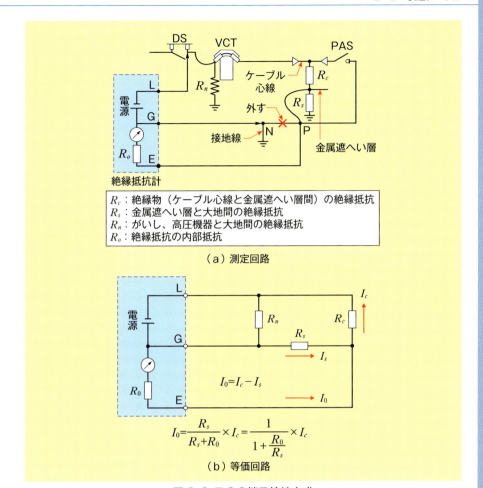

図2·2-7 ●G端子接地方式

　G端子接地方式では、絶縁抵抗計の内部抵抗(R_o)を10kΩ、シースの絶縁抵抗(R_s)を1MΩとすると、図2·2-7(b)より、

$$I_0 = \frac{1}{1+\frac{10\times 10^3}{1\times 10^6}} \times I_c = \frac{1}{1.01} \times I_c \fallingdotseq 0.99 \times I_c$$

になるので、絶縁抵抗計の内部抵抗が10kΩの場合、シースの絶縁抵抗が1MΩ以上あれば、99％以上の精度で測定できることになります。したがって、測定前に絶縁抵抗計の内部抵抗値を把握しておく必要があります。ただし、雨天時や高圧機器の絶縁状態が悪いと、ガード端子に流れる電流が大きくな

表 2・2-4 ● 高圧ケーブルの判定基準

ケーブル部位	測定電圧〔V〕	絶縁抵抗値〔MΩ〕	判定
絶縁物（R_c）	5 000	5 000 以上	良
		500 以上～5 000 未満	要注意
		500 未満	不良
	10 000	10 000 以上	良
		1 000 以上～10 000 未満	要注意
		1 000 未満	不良
シース（R_s）	500 又は 250	1 以上	良
		1 未満	不良

（備考）高圧受電設備規程（JEA C 8011）による。

り、設定した試験電圧が出力されないことがあるので、注意が必要です。高圧 CV ケーブルの絶縁抵抗値の判定基準例を、**表 2・2-4** に示します。

（2） 精密診断

定期点検（絶縁抵抗測定による診断）で要注意と診断された場合は、精密診断を行います。精密診断では、通常直流漏れ電流試験法を使用します。

直流漏れ電流試験法は、ケーブル導体と遮へい層間に直流高電圧を印加して、漏洩電流の時間的変化を測定します。判定項目には次のものがあります。

- 漏洩電流〔μA〕：最終電流値の大きさ
- 漏洩電流の変動：電流－時間特性上の電流の変動状況、キック現象など
- 不平衡：三相のそれぞれの漏洩電流に対して、$\dfrac{最大値 - 最小値}{平均値} \times 100$
- 成極比：$\dfrac{電圧印加1分後の漏洩電流}{電圧印加規定時間後の漏洩電流}$

劣化状況には様々な状態があり、絶対的な判定基準はありませんので、それぞれの判定項目を総合して判断します。参考に、判定基準例を**表 2・2-5**に示します。

表2・2-5 ●判定基準例

判定項目	判定基準			備考
	良	要注意	不良（危険）	
漏洩電流	0.1μA以下	0.1～1μA	1μA以上	漏洩電流の大きさ（電流-時間グラフ）
変動	変動がないもの	時間的に離散的な変動があるもの	変動が大きくキックの現象があるもの	最大値と最低値の差（キック現象）
不平衡			不均衡率が200％以上のもの	三相平均値に対する不平衡分
時間特性	変化しないもの	時間とともに増加するが安定するもの	時間とともに増加して不安定のもの	（電流-時間グラフ）
成極比	1以上	0.5～1	0.5以下	全電流、漏れ電流、吸収電流、変位電流

（出典）（株）双興電機製作所ハイボルトメータ HVT-25K 取扱説明書

2・3 電線・がいし類

1 電線

　需要家構内での配線には、ケーブル以外に高圧電線が使用されます。図2・3-1のように、電線はケーブルと異なり遮へい層がないので、電線の表面には電位があります。このため電線は、がいしによって絶縁して支持します。

（1）屋外用高圧絶縁電線

　高圧架空電線路に使用される電線としては、**屋外用架橋ポリエチレン絶縁電線（OC）**や**屋外用ポリエチレン絶縁電線（OE）**があります。屋外用高圧絶縁電線の概要を、表2・3-1に示します。屋外用高圧絶縁電線には、着雪

図2・3-1●電線

表2・3-1●屋外用高圧絶縁電線

記号	導体	絶縁体	常時許容温度
OC	硬銅	黒色架橋ポリエチレン	90℃
OE	硬銅	黒色ポリエチレン	75℃

写真2・3-1●OC電線

2・3 電線・がいし類

表2・3-2 ●屋内用高圧絶縁電線

記号	導体	絶縁体	常時許容温度
KIP	軟銅	黒色エチレンプロピレンゴム	80℃
KIC	軟銅	黒色架橋ポリエチレン	90℃

写真2・3-2 ● KIP電線

による断線を防止するために、ヒレを付けたものや、硬銅導体の代わりにアルミニウム導体を使用したものもあります。

写真2・3-1は、高圧架空電線路で通常使用されるOC電線です。

（2） 屋内用高圧絶縁電線

キュービクル内や電気室内で使用される電線としては、**高圧機器内配線用EPゴム絶縁電線（KIP）**や、**高圧機器内配線用架橋ポリエチレン絶縁電線（KIC）**があります。屋内用高圧絶縁電線の概要を、表2・3-2に示します。

写真2・3-2は、キュービクルや電気室などで通常使用されるKIP電線です。

2 銅 棒

電気室やキュービクルの高圧母線に銅棒、銅帯、銅パイプなどの裸導体を使用する場合もあります。写真2・3-3は、キュービクルの高圧母線に銅棒(赤、白、青)を使用した例です。

3 がいし

充電部を絶縁して支持するための絶縁体と、これと一体に組み立てられた金具とからなる絶縁支持物ががいしです。絶縁体としては、磁器や樹脂が使用されます。

写真2・3-3●銅　棒

（1）　屋外用がいし

　高圧架空電線路には、**写真2・3-4**の高圧ピンがいしが広く使われています。高圧ピンがいしは、金属棒（ピン）の上に傘状の磁器絶縁体を装着したもので、絶縁体の上縁部に溝が切ってあり、溝には電線を保持するためのバインド線と呼ばれるひもが巻かれます。この溝、あるいは上端部に切られた別の溝に電線を沿わせて保持し、ピンの下端部で腕金などに固定されます。高圧ピンがいしは、JIS C 3821 に適合したものを使用します。

　また、高圧架空電線の引留箇所には、**写真2・3-5**のように高圧耐張がいしが使われます。高圧耐張がいしは、JIS C 3826 に適合したものを使用します。

　これらのがいしは、いずれも磁器製です。がいしには絶縁性や野外での耐候性、機械的な強度などが求められることから、多くは磁器を素材としてい

写真2・3-4●高圧ピンがいし

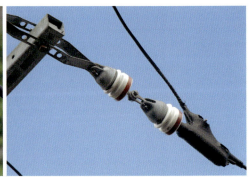

写真2・3-5●高圧耐張がいし

2・3 電線・がいし類

ます(屋外では、通常は樹脂製のがいしは使用されません)。

(2) 屋内用がいし

屋内用のがいしには、樹脂製と磁器製とがあります。樹脂製のがいしは磁器製のがいしより小形軽量で安価という特徴があるので、最近ではよく使用されます。写真2・3-6、写真2・3-7はキュービクル内のがいしです。写真2・3-6はポリプロピレン製で、高圧クリートなどと呼ばれており、高圧電線の保持に使用しています。写真2・3-7はエポキシ樹脂製がいしで、高圧電線の中継接続端子台として使用しています。エポキシ樹脂製がいしは、JIS C 3851「屋内用樹脂製ポストがいし」に適合したものを使用します。写真2・3-8は、電気室の高圧電線をフレームパイプに支持するための磁気製のがいしで、ドラムがいしなどと呼ばれています。

(3) がいしの劣化

キュービクル内のがいしの劣化例を、写真2・3-9〜写真2・3-11に

写真2・3-6 ●ポリプロピレン製がいし

写真2・3-7 ●エポキシ樹脂製がいし

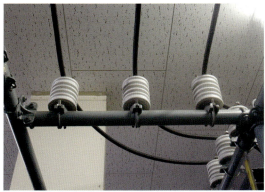

写真2・3-8 ●磁器製がいし

示します。写真2・3-9は高圧電線を支持するクリートですが、以前は、このような三相一括タイプも多く使用されていました。しかし、このタイプのクリートは相間や対地間の離隔距離が短く、ほこりや湿気により絶縁が低下しやすく、地絡事故も多く発生しています。一相タイプのクリートに交換することが望まれます。

　写真2・3-10は、劣化した高圧クリートです。表面が変色して絶縁抵抗も低くなっています。写真2・3-11はエポキシ樹脂製がいしですが、かなり汚損しています。清掃により絶縁が回復しない場合には、交換が必要です。

　がいしは、高信頼、長寿命の電気部品ですが、長い間には劣化します。また、屋外に設置してあるものは、風雨にさらされて汚れもひどいことが多く、小さな亀裂などは目視点検では発見しにくいものです。

　写真2・3-12は、ヒビの入った高圧ピンがいしです。絶縁抵抗が前回より低下したため、臨時に点検を行って事故になる前に発見したものです。

写真2・3-9●三相一括クリート

写真2・3-10●劣化した高圧クリート

写真2・3-11●劣化したエポキシ樹脂製がいし

写真2・3-12 ●ヒビの入った高圧ピンがいし

　がいしの劣化を放置したままにすると、最終的には地絡事故に発展するおそれがあります。入念な点検が望まれます。

コラム9　国産がいし　　column

　がいしは電線を支持し大地から絶縁するという、電気設備にとって重要な役割を担っています。このがいしが最初に使われたのは電信設備です。1869年（明治2年）の東京〜横浜間の電信線工事（距離32km、電柱593本）には、多くのがいしが使用されました。しかし、当時のがいしは、イギリスからの輸入品で、価格は高いが品質は悪かったようです。

　そこで、1870年（明治3年）に、工部省電信寮（明治政府の官庁）は国産のがいしを作るため、有田の有力な窯元である深川栄左衛門に製造を依頼しました。深川は、陶磁器作りによって培った高度な技術を活用して、同年暮れには試作品を完成させました。このがいしは、外国製品に劣らない品質で価格も安かったことから、正式に採用されることになりました。

　電力用がいしも、最初は、電信用を使用していましたが、電力需要の増加とともに送電電圧が高くなると、国産のがいしでは対応できず、アメリカやドイツから高電圧がいしを輸入しました。

　しかし、1906年（明治39年）に、京都の松風嘉定が高電圧がいしの製造に成功、翌年に名古屋の日本陶器合名会社（現ノリタケカンパニーリミテッド）が、続いて瀬戸の加藤杢左衛門が製造に成功し、国内の需要に応えることができるようになりました。現在では、100万V送電に対応する超高強度懸垂がいしまで、日本で生産しています。

2・4 電力需給用計量装置

1 電力需給用計量装置とは

　電力会社に電気料金を支払うためには、電力の使用量や最大電力などを計測する必要があります。この計測装置が電力需給用計量装置で、**計器用変成器（VCT）**と**電力量計（Wh）**とから構成されています。
　VCTは、**写真2・4-1**のような形状をしており、内部には計器用変圧器（VT）と変流器（CT）が収められています。これにより高圧の電圧、電流を低

写真2・4-1 ●計器用変成器

写真2・4-2 ●電力量計

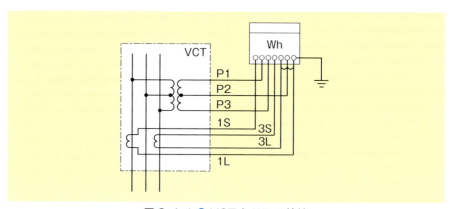
図2・4-1 ● VCTとWhの接続

電圧、小電流に変成して、写真2・4-2の電力量計に供給します。

計器用変成器（VCT）と電力量計（Wh）との接続は、図2・4-1のようになります。

2 取り扱い

計器用変成器（VCT）、電力量計（Wh）、VCT二次側配線は原則として電力会社の所有物であり、電力会社が取り付けを行います。需要家は、これらの設置スペースを提供する必要があります。

（1）計器用変成器

計器用変成器の形状と寸法は、図2・4-2のようになります。

計器用変成器をキュービクル又は電気室に取り付ける場合は、主遮断器の電源側とします。また、引込柱に取り付ける場合は、区分開閉器の電源側とします。

（2）電力量計

電力量計の取り付け高さは、地表又は床上1.5 m以上、2.2 m以下を標準とし、検針や取り替えが容易にできる場所を選定します。また、屋外に設置する場合は、計器箱を施設し電力量計を収納します。

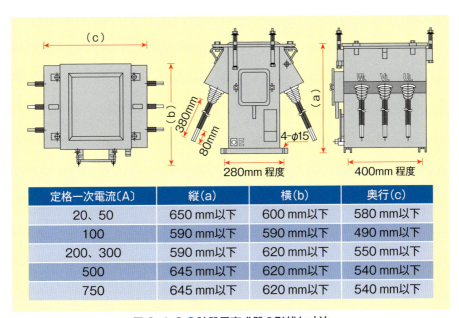

定格一次電流〔A〕	縦(a)	横(b)	奥行(c)
20、50	650 mm以下	600 mm以下	580 mm以下
100	590 mm以下	590 mm以下	490 mm以下
200、300	590 mm以下	620 mm以下	550 mm以下
500	645 mm以下	620 mm以下	540 mm以下
750	645 mm以下	620 mm以下	540 mm以下

図2・4-2 ●計器用変成器の形状と寸法

2・5 断路器(DS)

1 断路器とは

　高圧断路器は、**DS**（Disconnecting Switch）や**ディスコン**と呼ばれます。負荷電流が流れていない、単に充電されている回路を開閉するための装置です。点検や工事などのときに、回路を確実に切り離して安全に作業するためのものです。

　アークを消弧させる機能がなく、負荷電流が流れている状態で断路器を開くと、短絡などの大事故となるので、絶対に避けなければなりません。このため、通常は遮断器と組み合わせて使用されます。断路器の定格例を、**表2・5-1**に示します。

　断路器の定格電流は、余裕をみて最大負荷電流の1.5～2倍程度のものを選定します。また、遮断器とのインターロックなども考慮し、誤操作による事故を防ぐように計画します。定格短時間耐電流は、上位に設置されている遮断器が動作し、事故電流が遮断されるまでの間、耐える性能がなければいけません。規定時間は、JISでは1秒、JECでは2秒とされています。

　断路器は**操作用フック棒***がないと操作できませんので、フック棒を盤内に収容します。盤の表面に「フック棒位置」という表示を貼るようにすると、メンテナンスの際にフック棒を探すのが容易になります。

表2・5-1 ●断路器定格例

定格電圧〔kV〕	7.2				
定格電流〔A〕	200	400	600	600	1 200
定格短時間耐電流〔kA/s〕	8.0/1、12.5/1			20/2	
構造	単極単投、三極単投				
準拠規格	JIS C 4606			JEC 2310	

＊**操作用フック棒**は、断路器のブレード（断路刃）を開閉するとき、ブレードのフック穴に引っ掛け、手動で操作するための器具で、絶縁棒の先端部にかぎ状のフックを取り付けたもの。

2 断路器の種類

（1） 単極単投形フック棒操作方式
単極の断路器で、最も多く使用されています。三相回路の場合は3台使用します。写真2・5-1はキュービクルに設置、写真2・5-2は電気室に設置したものです。写真2・5-3の操作用フック棒で、単極ごとに操作します。

（2） 三極単投形フック棒操作方式
写真2・5-4のように、単極断路器3台を共通ベースに取り付け、操作

写真2・5-1 ●単極単投形フック棒操作方式（キュービクル）

写真2・5-2 ●単極単投形フック棒操作方式（電気室）

写真2・5-3 ●操作用フック棒

写真2・5-4 ●三極単投形フック棒操作方式（キュービクル）

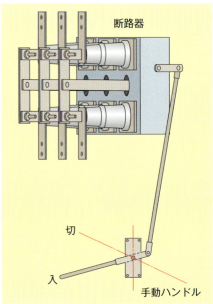

写真 2・5-5 ●三極単投形遠方手動操作方式（キュービクル）　図 2・5-1 ●三極単投形遠方手動操作方式の構造 (出典：JEM-TR178)

機構を三極共通の連結ロッドで接続したものです。単極単投形断路器と同様に操作用フック棒で操作しますが、ブレードではなく、操作レバーのフック穴にフックを掛けて三極同時に開閉します。

（3）三極単投形遠方手動操作方式

写真 2・5-5 は、三極単投形遠方操作方式の断路器です。

これは図 2・5-1 のように、三極単投形フック棒操作方式断路器の操作機構を、遠方操作用の連結ロッドで接続したものです。手動ハンドルを操作すると、リンク機構により三極同時に開閉できます。このタイプの断路器は、遮断器が投入状態では断路器を開放できないように、また断路器を操作中は遮断器を投入できないように、インターロックを設けるのが一般的です。

3 断路器の構造

単極単投形フック棒操作方式断路器の構造を、図 2・5-2 に示します。

（1）ブレード

回路の開閉を行う主導電部です。閉路時には、接触子と接触し回路がつながります。接続時の接触圧力を保持するため、圧縮ばねが付いています。

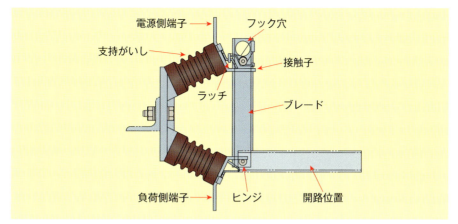

図2・5-2 ●断路器の構造

(2) 支持がいし
導電部の支持及び絶縁を行うものです。通常は、エポキシ樹脂製です。

(3) 接触子
ブレードを受ける部分です。

(4) フック穴
ブレードにあけた穴です。回路を開閉するときにフック棒を引っ掛けるところです。

(5) ラッチ
短絡電流のような大電流による電磁力、あるいは振動などにより、断路器が開放するのを防ぐものです。ラッチ機構付きの断路器は、ブレードのフック穴にフックを入れて引くことにより、ラッチ機構が外れ、ブレードが回転して断路できるようになっています。

4 断路器の操作

(1) 開放操作
① 遮断器が切れていることを確認する。
② フック棒のフック部分を断路器のフック穴に引っ掛け、ラッチが外れるのを確認する。
③ ブレードが接触子とわずかに離れた状態でいったん止める。
④ 無電流（アークが出ない）を確認してから全開する。これを2段切りという。より安全な操作方法である。

（2） 投入操作
①遮断器が切れていることを確認する。
②フック棒のフック部分を断路器のフック穴に引っ掛ける。
③フック棒を前に押して、ブレードを接触子に投入する。
④ラッチが掛かっていることを確認する。

5 断路器の保守点検

（1） 接触部の接触状態
ブレードを接触子の手前まで移動させ、ブレードと接触子の中心が一致しているか確認します。ずれている場合は接触不良になるので、修理又は交換が必要です。

（2） ラッチ
短絡電流によりブレードが飛び出し大事故になる場合がありますので、フック棒でラッチの掛かり具合を確認します。

（3） 開閉操作
開閉操作がスムーズかどうか確認します。ブレードの動作及び接触部に異常があれば、修理又は交換が必要です。潤滑剤（グリース）を使用している場合には必要に応じて塗布します。

（4） 導電部の変色、サビ
端子部や接触部に過熱、変色あるいはサビなどの異常がないか、確認します。

（5） 絶縁部
がいしなどの絶縁部が汚損していないか、あるいは破損、亀裂がないか確認します。

（6） ねじなどのゆるみ
ねじ類にゆるみがないか確認します。ゆるんでいる場合は増締めします。

2・6 遮断器(CB)

1 高圧遮断器とは

　高圧回路を開閉する機器には、様々な種類があります。単に充電されている回路を開閉するのであれば断路器、負荷電流を開閉するのであれば負荷開閉器、また負荷機器を直接開閉するものには電磁接触器があります。これらの開閉器は原則として、定常状態の回路の開閉を行うものです。

　しかし、受電設備では定常状態ばかりではなく、短絡事故や地絡事故などの異常状態も発生します。例えば、短絡事故の場合、数千アンペアという大電流が流れますが、ケーブルは数百アンペア程度の耐電流性能しかないので、発熱により被覆が溶融して発火します。また、変圧器やコンデンサなどの高圧機器も、このような大電流に耐えることはできません。したがって、事故電流は瞬時に遮断する必要があります。

　しかし、短絡電流のような大電流を一般の開閉器で遮断しようとすると、電極間にアーク放電が発生して、遮断できないばかりか、開閉器自体が損傷してしまいます。アーク放電を消滅させることを消弧といいますが、この消弧機能を有しており、定常状態の開閉に加えて、事故時においても回路を開閉できる機器が遮断器です。

2 高圧遮断器の種類

　遮断器(Circuit Breaker)は、消弧媒体の種類によって、**真空遮断器**(**VCB**：Vacuum Circuit Breaker)、**油遮断器**（**OCB**：Oil Circuit Breaker）、**磁気遮断器**(**MBB**：Magnetic Blow-out Circuit Breaker)、**空気遮断器**（**ABB**：Air Blast Circuit Breaker）、**ガス遮断器**（**GCB**：Gas Circuit Breaker）などがあります。これらの遮断器の消弧原理を、**表２・６-１**に示します。

　遮断器の中でも、真空遮断器は高い消弧能力に加えて、機構が簡単、小形・軽量、低騒音という特徴を有しています。また、絶縁油を使用しないので火災の危険がなく、保守も簡単です。このため、最近の高圧受電設備の遮断器はほとんどが、真空遮断器です。ただし、真空遮断器が普及する前は、油遮断器が広く使用されていたので、古い受電設備ではまだ油遮断器が使われて

表 2·6-1 ●遮断器の消弧原理

種類	略号	消弧原理
真空遮断器	VCB	真空バルブと呼ばれる磁器又はガラス製の真空容器内に接触子を封入したもので、可動接触子はベローズを介してシールされている。遮断時のアークは、真空中での拡散作用を受けて自然消滅する。また、真空は絶縁性能が高いので、開極時の極間隙が少なくて済み、高頻度開閉にも適している。
油遮断器	OCB	密閉容器内に絶縁油を入れ、この中に接触子を入れたもの。アークにより絶縁油が分解すると高圧の水素ガスが発生するが、水素は熱伝導がよいため強い冷却作用により消弧する。また、ガス圧力で油流が発生するので絶縁油が入れ替わり消弧も容易になる。ただし、絶縁油を使用しているため、油の管理や火災のおそれがある。
磁気遮断器	MBB	アークを電磁力により引き延ばしてアークシュート内に押し込んで冷却作用、及び壁面による消イオン作用により消弧する方式。アークシュートはくし状のひだが何重にも織り重ねられており、アークはここで引きちぎられる。構造が簡単で保守が容易である。また、絶縁油を使用しないので、火災のおそれがない。
空気遮断器	ABB	高速の空気をアークに吹き付けて遮断する方式。空気の断熱膨張によりアークが冷却されて消弧される。このとき、イオン化した空気は押し流され、接触子周囲の空気は新しいものに置き換えられるので、接触子間は絶縁される。なお、消弧に使用した空気は、大気に放出されるので、遮断時には大きな騒音が出る。圧縮空気を発生させるコンプレッサと、圧縮空気を蓄える空気タンクが付属している。
ガス遮断器	GCB	SF_6 ガス（六ふっ化硫黄ガス）をアークに吹き付けて遮断する方式。消弧原理及び遮断部の構造は空気遮断器とほぼ同じである。ただし、SF_6 ガスは空気に比べて絶縁性能や消弧能力が優れているので、小形にできる。また、消弧に使用したガスを大気に放出しないので、遮断時の排気騒音はない。

いる場合もあります。

3 真空遮断器の外観と真空バルブ

（1）外　観

　写真 2・6-1、写真 2・6-2 はキュービクルに設置された真空遮断器で、遮断器本体を母線から切り離して引き出せるタイプです。ただし、各種インターロック機構が内蔵されており、規定の手順通りでなければ挿入・引出しができないようになっています。このタイプは、断路器（DS）の機能を持っているのと同じことになるので、保守が容易で安全性も高いです。ただし、価格は高くなります。

2・6 遮断器(CB)

写真2・6-1 ●真空遮断器(前面)

写真2・6-2 ●真空遮断器(後面)

写真2・6-3 ●真空遮断器(前面)

写真2・6-4 ●真空遮断器(後面)

　写真2・6-3、写真2・6-4は、キュービクルに設置された固定式の真空遮断器です。ほとんどの真空遮断器はこのタイプです。
　写真2・6-5、写真2・6-6は、固定式の真空遮断器で電気室に設置されたものです。

(2) 真空バルブ

　真空遮断器は真空バルブ内で電流を遮断しますが、写真2・6-7が真空バルブの外観です。また、図2・6-1は真空バルブの構造を示しています。

111

第2編 ● 高圧受電設備の構成機器と材料

写真2・6-5 ● 真空遮断器（前面）

写真2・6-6 ● 真空遮断器（後面）

写真2・6-7 ● 真空バルブ（三相分）

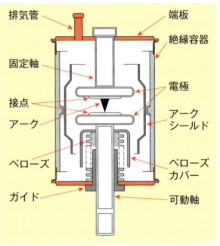

図2・6-1 ● 真空バルブの構造
（出典：JEM-TR174）

真空バルブ内は高真空となっており、この中で対向した接点を開きます。アークシールドは蒸発した金属粒子が絶縁容器に蒸着するのを防ぐために設置する金属の筒です。

4 真空遮断器の動作

（1） 操作方式

ばね操作とソレノイド（電磁石）操作がありますが、最近はばねの力で遮断するばね操作方式が一般的です。ばね操作方式には、ばねを**蓄勢***する方式

＊**蓄勢**：遮断器が動作できるように、ばねに力を蓄えている状態のこと。これに対して遮断器が動作した後など、ばねに力が蓄えられていない状態を放勢という。

2・6 遮断器(CB)

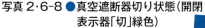

写真2・6-8 ●真空遮断器切り状態(開閉表示器「切」緑色)

写真2・6-9 ●真空遮断器入り状態(開閉表示器「入」赤色)

の違いにより、手動ばね操作方式と電動ばね操作方式とがあります。手動ばね操作方式は手でハンドルを回して、ばねに力を蓄えて蓄勢します。一方、電動ばね操作方式は小形電動機が内蔵されており、この電動機によりばねを蓄勢します。

　写真2・6-8、写真2・6-9は、手動で入切しているところです。操作ハンドルを握って入・切の操作をします。

　過電流や地絡などの保護継電器が動作し、真空遮断器が遮断動作(トリップ)した場合は、必ず動作原因を調査し、原因を取り除いた後に真空遮断器を投入しなければなりません。この場合の操作方法を、写真2・6-10～写真2・6-12に示します。遮断後に真空遮断器を投入するには、通常、リセット操作が必要ですので注意してください。誤操作防止のために、操作時はハンドル指針と開閉表示器により、遮断器の状態を確認することが重要です。

写真2・6-10 ●遮断時(ハンドル指針は投入位置)(開閉表示器「切」緑色)

113

写真2・6-11 ●リセット操作(ハンドル指針は引外し／リセット位置)(開閉表示器「切」緑色)

写真2・6-12 ●入り操作(ハンドル指針は投入位置)(開閉表示器「入」赤色)

(2) 引外し方式

遮断器が「入」状態で運転中に、保護継電器が事故を検出すると引外し指令によりトリップコイルに電流が流れて、遮断器を引外すことができます。引外し方式の主なものには、**過電流引外し**、**電圧引外し**、**コンデンサ引外し**、**不足電圧引外し**があります。

●過電流引外し(図2・6-2)

変流器の二次電流を遮断器のトリップコイルに流して引外す方式です。特別な電源を必要としないので、最も安価な方式であり、従来から高圧受電設備で一般的に使用されていますが、他の方式に比べて信頼性は低いです。

2・6 遮断器(CB)

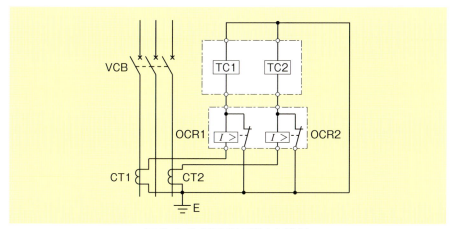

図2・6-2 ●過電流引外し回路例

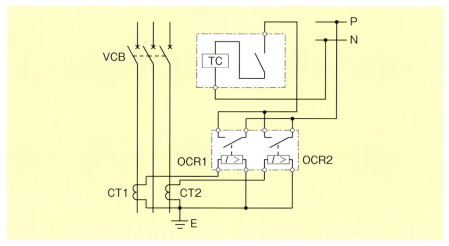

図2・6-3 ●電圧引外し回路例

- ●電圧引外し(図2・6-3)

　トリップコイルに電圧を印加して引外す方式です。別途、制御電源(通常は直流電源)を必要としますが、信頼性は高いです。

- ●コンデンサ引外し(図2・6-4)

　コンデンサの放電エネルギーによって引外す方式です。専用の制御電源を使用するので、電圧引外し方式と同じく信頼性は高いです。

　写真2・6-13が、コンデンサ引外し装置です。コンデンサ引外し装置は、整流装置やコンデンサなどから構成されており、コンデンサは商用電

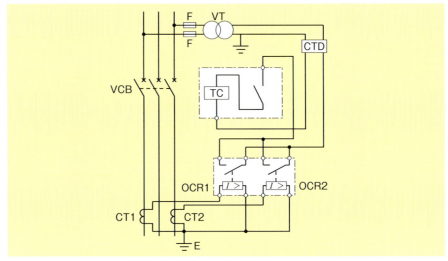

図2・6-4 ●コンデンサ引外し回路例

写真2・6-13 ●コンデンサ引外し装置

源により常時充電されています。充電中は赤色のLEDが点灯します。停電作業などでコンデンサを放電させる場合は、赤色のLEDが消灯するまで、放電スイッチ(左下黒色スイッチ)を押します。

● **不足電圧引外し**(図2・6-5)

　引外し装置に電圧を印加しておき、引外し回路の電圧が低下したことを検出して引外す方式です。停電時に遮断したい場合などに使用します。この方式も、別途制御電源を必要とします。

2・6 遮断器（CB）

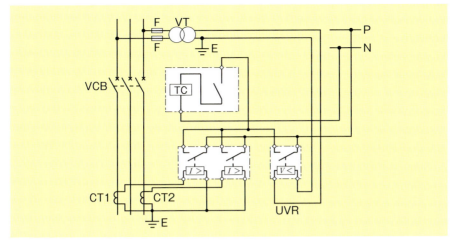

図2・6-5 ●不足電圧引外し回路例

写真2・6-14 ●真空遮断器の銘板例

5 真空遮断器の定格

　真空遮断器には各種の定格がありますが、この定格の意味と選定方法について解説します。定格を記載した銘板例を、**写真2・6-14**に示します。

（1）定格電圧
　規定の条件で遮断器に加えることができる電圧の上限で、線間電圧（実効値）で表します。定格電圧は、公称電圧3.3kVの場合は3.6kV、公称電圧6.6kVの場合は7.2kVを選定します。
　これは、定格電圧＝公称電圧×1.2/1.1 という式から求めた値です。
　　例：定格電圧7.2kV＝公称電圧6.6kV×1.2/1.1

（2）絶縁階級
　絶縁階級とは、定格耐電圧の種類を表す記号です。この定格耐電圧は、規

117

表 2・6-2 ●定格耐電圧（JIS C 4603）

定格電圧〔kV〕	定格耐電圧〔kV〕		絶縁階級〔号〕
	雷インパルス	商用周波（実効値）	
3.6	45	16	3A
3.6	30	10	3B
7.2	60	22	6A
7.2	45	16	6B

表 2・6-3 ●標準動作責務（JIS C 4603）

記号	動作責務
A	O-（1分）-CO-（3分）-CO
B	CO-（15秒）-CO

（注）Oは開路（オープン）で、Cは閉路（クローズ）、COは閉路動作後直ちに開路動作を行うこと。

定の時間、遮断器に印加しても異常が認められない電圧の上限です。JIS C 4603では、**表 2・6-2** のように決められています。通常、遮断器の絶縁階級は6A（6号A）です。

（3） 定格電流

規定の温度上昇を超えないで、連続して流せる電流の限度です。定格電流は、JIS C 4603では400Aと600Aがあるので、最大負荷電流の1.5倍程度以上を目安に選定します。将来の負荷増加なども考慮するのが望ましいでしょう。

（4） 定格遮断電流

規定の回路条件で、**表 2・6-3** の**標準動作責務**＊にしたがって遮断することができる遅れ力率の遮断電流の限度のことで、交流分（実効値）で表します。回路の短絡電流以上の定格遮断電流を持つ機種を選定します。JIS C 4603では8kAと12.5kAがありますが、一般に12.5kAを選定すれば問題ありません。

（5） 定格遮断時間

定格遮断電流を、規定の標準動作責務にしたがって遮断する場合の遮断時間の限度です。定格周波数を基準としたサイクル数で表します。JIS C 4603では3及び5サイクルがあります。通常は、3サイクルを選定します。

＊**標準動作責務**：事故遮断後の再投入、再遮断など実使用で想定される一連の動作を考慮した操作方法。通常は、**表 2・6-3** の記号Aを使用する。

2・6 遮断器(CB)

写真2・6-15 ●油遮断器(前面)

写真2・6-16 ●油遮断器(後面)

写真2・6-17 ●切り動作(上部の赤ボタンを押すとラッチが外れて開放する)

写真2・6-18 ●操作ハンドルを引く

119

写真2・6-19 ●最大の位置まで引く

写真2・6-20 ●操作ハンドルを戻す

写真2・6-21 ●カチッと音がしたら投入完了
（開閉表示器『入』赤色）

6 油遮断器

　油遮断器(写真2・6-15)は、絶縁油中で電流を遮断する機器です。遮断機構部は、写真2・6-16のように鉄製の油槽内に収められています。油遮断器は絶縁油を使用しているため、油の劣化管理が大変なことや、高速度遮断ができない、接点寿命が短く保守に手間がかかるなどの問題があり、現在は新規では使われません。

　写真2・6-17は、手動で切動作しているところです。また、写真2・6-18〜2・6-21までは、手動で入動作しているところです。このように、操作ハンドルを握って入・切の操作をします。

7 保　守

(1)　絶　縁

　真空遮断器の絶縁物表面に塵埃や化学物質などが付着した状態で、高湿度状態になると、絶縁抵抗が低下してトラッキングが発生する場合があります。これが進展すると、地絡や相間短絡事故に至る危険があります。

　このような事故を未然に防止するためには、写真2・6-22のように定期的に絶縁抵抗測定を行って絶縁状態を確認することや、写真2・6-23のように絶縁物の表面の入念な清掃を行うことが重要です。

(2)　真空度

　真空バルブ内は高真空に保たれており、点検はできません。しかし、微小な損傷や腐食等による真空漏れや、遮断時の電極溶融によるガス放出などにより、真空度が低下する場合があります。真空度が低下すると絶縁破壊電圧

写真2・6-22●絶縁抵抗測定

写真2・6-23●清　掃

が下がり、事故時に遮断不能になるだけでなく、遮断器そのものが絶縁破壊するおそれがあります。したがって、真空チェッカなどを使用して、定期的に真空度を測定します。

真空チェッカは、真空圧力と絶縁破壊電圧の関係（パッシェンの法則）を利用したもので、真空バルブの極間に電圧を印加して、放電の有無により真空度の良否を判定するものです。

（3）注　油

真空遮断器は一般的に開閉回数が少ないため、機構部の潤滑が行われにくい傾向があります。

また、塗布したグリースの経年変化により油分が失われ、動作が重くなり、投入不良やトリップ不良を生じることがあります。このため、定期的な動作点検と注油（**写真2・6-24**）の実施が必要です。

写真2・6-24 ●注　油

コラム10　トラッキング　　　　　　　　　　　　　　**column**

長期間使用されている真空遮断器（特に屋外キュービクル内）の場合、絶縁物表面にほこりが付着して、かつ結露や高湿度状態になると、絶縁抵抗が低下し、トラッキングが発生する場合があります。この写真は、トラッキングにより、実際に放電しているところです。点検時にチリチリという音が聞こえたことにより、発見しました。

2・7 高圧交流負荷開閉器(LBS)

1 高圧交流負荷開閉器とは

　変圧器やコンデンサなどの高圧機器や電路の入・切のために使用するものが、高圧交流負荷開閉器で、一般に、**LBS**(Load Break Switch)と呼ばれます。
　高圧交流負荷開閉器は負荷電流の開閉はできますが、短絡電流などの大電流を遮断する能力はありません。そのため、通常は短絡電流の遮断を限流ヒューズ(PF)で行う**限流ヒューズ付高圧交流負荷開閉器**として使用されます。
　また、JIS C 4605(高圧交流負荷開閉器)によると、電気的開閉寿命は200回、機械的開閉寿命は1 000回となっており、多頻度の開閉箇所には適しません。しかし、遮断器より安価なため、小容量の高圧受電設備（キュービクル式で300kVA以下）の主遮断装置や、変圧器、コンデンサの開閉装置としてよく使用されています。

2 高圧交流負荷開閉器の構造

(1) 開閉部

　図2・7-1、図2・7-2に、高圧交流負荷開閉器の構造例を示します。

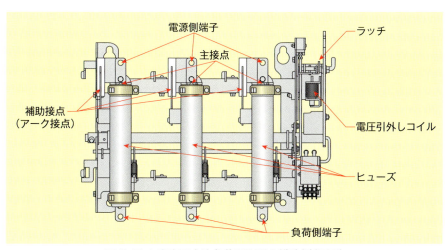

図2・7-1 ●高圧交流負荷開閉器の構造例(正面)

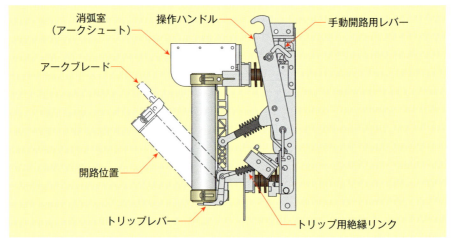

図2・7-2 ●高圧交流負荷開閉器の構造例（側面）

　この図は開閉器の開閉と同時にヒューズが可動するタイプです。これ以外に、開閉器とヒューズが直列に接続されたヒューズ固定形（開閉器のみ可動）もあります。

　写真2・7-1、写真2・7-2は、高圧交流負荷開閉器をキュービクルに取り付けた状態です。写真2・7-1は主接点のみのもの、写真2・7-2は主接点の他に補助接点（アーク接点）を有するものです。また、写真2・7-2の高圧交流負荷開閉器は、各相間に絶縁物のバリヤが取り付けられています。これは小動物などの侵入により、相間短絡事故が発生するのを防止するためのものです。

図2・7-1 ●高圧交流負荷開閉器(1)
（主接点のみのもの）

図2・7-2 ●高圧交流負荷開閉器(2)
（主接点と補助接点のあるもの）

2・7 高圧交流負荷開閉器(LBS)

写真2・7-3 ●限流ヒューズ

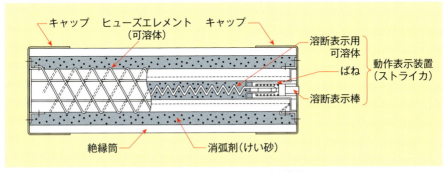

図2・7-3 ●限流ヒューズの構造

（2）限流ヒューズ

限流ヒューズの外観を写真2・7-3に、内部構造を図2・7-3に示します。限流ヒューズは、両端を導電性のキャップでふさいだ磁器製の絶縁筒、その中に充填された消弧剤(けい砂)、両キャップ間に取り付けられたヒューズエレメント(可溶体)、動作表示装置から構成されています。

溶断表示用可溶体は、ヒューズエレメントと並列に接続されていますが、高抵抗なので常時の電流はほとんどがヒューズエレメントに流れます。ただし、事故や故障などにより大電流が流れてヒューズエレメントが溶断すると、全電流が溶断表示用可溶体に流れるので、溶断表示用可溶体は瞬時に溶断して、溶断表示棒がばねの力により飛び出します。

3 高圧交流負荷開閉器及び限流ヒューズの定格

高圧交流負荷開閉器の銘板例を写真2・7-4に、限流ヒューズの銘板例を写真2・7-5に示します。

（1）高圧交流負荷開閉器の定格電流

JIS C 4605では、100 A、200 A、300 A、400 A、600 Aとなっています。

125

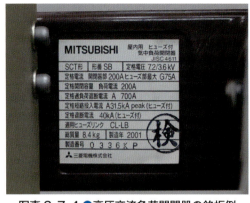

写真2・7-4 ●高圧交流負荷開閉器の銘板例　　写真2・7-5 ●限流ヒューズの銘板例

表2・7-1 ●定格過負荷遮断電流（JIS C 4607）

定格過負荷遮断電流（対称分実効値）	遮断回数	
150 A、200 A、300 A、400 A、	A級	1回
500 A、600 A、700 A、800 A、	B級	2回
900 A、1 000 A、1 100 A、1 200 A	C級	3回

　高圧交流負荷開閉器の定格電流は、組み合わされる限流ヒューズの定格電流よりも大きいものを選定しますが、通常は200 Aが使用されます。

（2）　高圧交流負荷開閉器の定格過負荷遮断電流

　定格過負荷遮断電流は、規定の条件で遮断できる過負荷電流の限度です。この場合、遮断回数も決められています。JIS C 4607では、表2・7-1のようになっています。写真2・7-4の例では、700 Aで1回（A級）となっています。

（3）　高圧交流負荷開閉器の定格短絡投入電流

　定格短絡投入電流は、規定の条件で投入し、規定の時間、高圧交流負荷開閉器の各極に流すことができる短絡電流の限度です。JIS C 4605では、10 kA、20 kA、31.5 kAとなっています。写真2・7-4の例では、31.5 kAで1回（A級）となっています。

（4）　高圧交流負荷開閉器の定格遮断電流

　高圧交流負荷開閉器には遮断能力がないので、定格遮断電流は、組み合わせる限流ヒューズによって決まります。

（5）　限流ヒューズの定格電流

　限流ヒューズの定格電流の表示には、G（一般用）、T（変圧器用）、M（電

2・7　高圧交流負荷開閉器（LBS）

表2・7-2 ●限流ヒューズの繰り返し過電流特性と溶断特性（JIS C 4604）

ヒューズの種類	繰り返し過電流特性	溶断特性				
		不溶断特性	I_{f7200}/I_n	I_{f60}/I_n	I_{f10}/I_n	$I_{f0.1}/I_n$
G（一般用）	特に規定はない	定格電流の1.3倍の電流で2時間以内に動作しないこと。	$I_{f7200}/I_n \leqq 2$	—	$2 \leqq I_{f10}/I_n \leqq 5$	$7\left(\dfrac{I_n}{100}\right)^{0.25} \leqq I_{f0.1}/I_n \leqq 20\left(\dfrac{I_n}{100}\right)^{0.25}$
T（変圧器用）	定格電流の10倍の電流を0.1秒間通電し、これを100回繰り返しても溶断しないこと。		—	—	$2.5 \leqq I_{f10}/I_n \leqq 10$	$12 \leqq I_{f0.1}/I_n \leqq 25$
M（電動機用）	定格電流の5倍の電流を10秒間通電し、これを10 000回繰り返しても溶断しないこと。		—	—	$6 \leqq I_{f10}/I_n \leqq 10$	$15 \leqq I_{f0.1}/I_n \leqq 35$
C（コンデンサ用）	定格電流の70倍の電流を0.002秒間通電し、これを100回繰り返しても溶断しないこと。	定格電流の2倍の電流で2時間以内に溶断しないこと。	—	$I_{f60}/I_n \leqq 10$	—	—

（備考）　I_{f7200}/I_n：2時間溶断電流（平均値）　　I_{f60}/I_n：60秒溶断電流（平均値）
　　　　I_{f10}/I_n：10秒溶断電流（平均値）　　$I_{f0.1}/I_n$：0.1秒溶断電流（平均値）　　I_n：定格電流

動機用）、C（コンデンサ用）とがあります。また、JIS C 4604では限流ヒューズの繰り返し過電流特性と溶断特性が、表2・7-2のように決められています。限流ヒューズは短絡保護を目的に使用するので、負荷電流や突入電流で溶断及び損傷しないように、適切な定格電流を選定します。

　限流ヒューズの特性は各メーカーにより若干異なるので、メーカーのカタログなどに記載の選定表により選定します。写真2・7-5の例では、G20A、T7.5A、C7.5Aとなっています。

　主遮断装置がPF・S形の受電設備に使用する場合には、限流ヒューズの定格電流はG（一般用）を適用します。

（6）　限流ヒューズの定格遮断電流

　限流ヒューズは短絡電流が流れると、波高値に至る前に発生熱量により素子が溶断し、遮断します。この場合、短絡電流が限流されることになり、限流ヒューズ二次側の高圧機器の短絡強度を小さくできるので、経済的です。

127

表2・7-3 ●限流ヒューズの定格遮断電流（JIS C 4604）

定格電圧〔kV〕	定格遮断電流〔kA〕	三相遮断容量（参考値）〔MVA〕
3.6	16	100
3.6	25	160
3.6	40	250
7.2	12.5	160
7.2	20	250
7.2	31.5	390
7.2	40	500

　定格遮断電流は JIS C 4604 では、**表2・7-3**のようになっています。限流ヒューズの定格遮断電流は、回路の短絡電流以上のものを選定しますが、**写真2・7-5**の例では、40kA となっています。

4 高圧交流負荷開閉器の開閉機構

　主接点と補助接点（アーク接点）の二つの接点を有する高圧交流負荷開閉器の開閉機構は、次のようになっています。

（1）投入時

　補助接点が先に接触し、その後主接点が接触します。このため投入時のアークは、先に接触する補助接点のみに発生し、後から接触する主接点には発生しないので、主接点がアークにより損傷しません。

（2）解放時

　投入時とは逆に、主接点が先に開放し、その後補助接点が開放します。このため主接点が開放するときには、まだ補助接点が投入状態のため、主接点にはアークが発生しないので、主接点がアークにより損傷しません。

　写真2・7-6は、主接点と補助接点の可動側です。左側の細い金属棒が補助接点（アークブレード）、右側のヒューズ横の金属部が主接点です。**写真2・7-7**は、主接点と補助接点の固定側です。左側が補助接点（消弧室内）、右側の電線下部の受け部が主接点です。

（3）消弧機能

　主接点と補助接点の二つの接点を有する高圧交流負荷開閉器の場合、前述のように補助接点は先に接触するか又は後から離れるので、アークは補助接点のみに発生します。

　補助接点は樹脂製の消弧室（アークシュート）内にあるので、アークは消

2・7 高圧交流負荷開閉器(LBS)

写真2・7-6 ●可動側接点

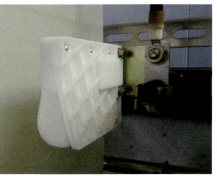

写真2・7-7 ●固定側接点

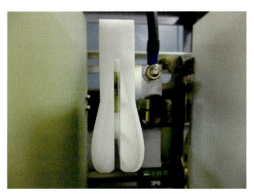

写真2・7-8 ●消弧室

室の細隙効果と冷却効果により消滅します。写真2・7-8が消弧室です。

（4） ヒューズ交換

　ヒューズが溶断した場合は、開閉器本体の点検を行うとともにヒューズの溶断原因を調査して、それを除去してからヒューズを交換します。この場合溶断しないで残ったヒューズも含めて、3本とも新品に交換する必要があります。これは残ったヒューズにも過大な電流が流れて、劣化しているおそれがあるためです。

　また、ヒューズが溶断したときにすみやかに交換できるように、予備ヒューズを保管しておくことも必要です。

5 高圧交流負荷開閉器の動作

　最も一般的な、限流ヒューズ付きでかつストライカ引外し式のものについて説明します。

（1） 手動での「切」操作

写真2・7-9、写真2・7-10のように、操作用フック棒で手動開放用レバーを軽く押して、ラッチを外すと、ばねの力により開放されます。

写真2・7-11、写真2・7-12は高圧交流負荷開閉器の開放状態です。

（2） 手動での「入」操作

写真2・7-13、写真2・7-14のように、操作用フック棒を操作ハンドル先端のくぼみに差し込み、一気に押し込みます。最後にラッチが掛かったのを確認して、フック棒を外せば投入完了です。この操作は解放時に必要なばねを蓄勢する操作でもあるので、投入が進むにつれ操作力が大きくなり、投入直前の位置で最大となります。しかし、操作を止めたり、元に戻したりすると、アークが発生し事故になることがあるので、一気に最後まで投入し

写真2・7-9 ●「切」操作（正面）

写真2・7-10 ●「切」操作（側面）

写真2・7-11 ●「切」状態（正面）

写真2・7-12 ●「切」状態（側面）

2・7 高圧交流負荷開閉器(LBS)

写真2・7-13 ●「入」操作(正面)

写真2・7-14 ●「入」操作(側面)

写真2・7-15 ●「入」状態(正面)

写真2・7-16 ●「入」状態(側面)

なければなりません。

写真2・7-15、写真2・7-16は、高圧交流負荷開閉器の投入状態です。

(3) 遮断動作(ストライカ引外し)

動作表示装置(ストライカ)付きの高圧交流負荷開閉器の場合、過電流や短絡電流によりヒューズが溶断すると、写真2・7-17の溶断表示棒（赤色の棒）が飛び出します(写真2・7-17のヒューズは、まだ溶断していないので、溶断表示棒は飛び出していない状態です)。

この飛び出した溶断表示棒がトリップレバーを押すことにより、ラッチが外れて開放します。写真2・7-18はヒューズを外して、トリップレバーを見たものです。トリップレバー（ヒューズ下の金属プレート）が溶断表示棒で押されると、トリップ用絶縁リンクを介してつながっているラッチが押さ

写真2・7-17●ヒューズの溶断表示棒

写真2・7-18●トリップレバー

写真2・7-19●地絡継電器

写真2・7-20●電圧引外しコイル

れる構造になっています。この引外し方式は、電源を必要としない機械的なものです。

　この方式では、ヒューズが1相でも溶断すると、三相が同時に開放されます。このため電動機の欠相運転や残りの相のみ充電されるのを防止できるので安全です。

（4）　地絡継電器による動作（電圧引外し）

　地絡事故時に回路を遮断するには、高圧交流負荷開閉器と地絡継電器を組み合わせて使用します。

　写真2・7-19は地絡継電器、写真2・7-20は電圧引外しコイルです。地絡継電器が動作すると、このコイルが励磁されて内部の鉄心が上に移動します。これによりラッチが外れて、高圧交流負荷開閉器が開放されます。

2・7 高圧交流負荷開閉器(LBS)

6 高圧交流負荷開閉器の保守管理

　高圧交流負荷開閉器の接触部は空気中に露出しているため、粉じんの付着や通電部のグリースの枯渇・固着などにより、接触不良になる場合があります。接触不良は加熱の原因となるので、注意が必要です。

　また、絶縁部が汚損された状態で吸湿すると絶縁が低下し、最終的に地絡・短絡に発展することがあるので、定期的な清掃が重要です。写真 2・7-21 は、汚損されている高圧交流負荷開閉器です。

写真 2・7-21 ●絶縁部の汚損状況

コラム11 励磁突入電流抑制機能付き LBS　　　column

　省エネのため夜間や休日に、変圧器を停止したい場合があります。しかし、変圧器に再度電圧を印加するときには、定格電流の数十倍もの励磁突入電流が流れます。これにより、過電流継電器やヒューズの誤動作、あるいは瞬時電圧低下のおそれがあります。また、励磁突入電流により、保護協調がとれない場合もあります。

　このようなときには、励磁突入電流抑制機能付き LBS を使用します。この機器は抵抗を内蔵しており、投入時にこれを挿入して、突入電流を抑制します。これにより変圧器の入・切が容易となり、省エネや電源品質の確保が可能となります。

2・8 高圧カットアウト（PC）

1 高圧カットアウトとは

　高圧カットアウトは高圧の開閉器の一種で **PC**（Primary Cutout Switch）とも呼ばれます。内部にヒューズが装着できるので、変圧器や高圧進相コンデンサの一次側に設置して、開閉動作や過負荷保護用として使用されます。

　変圧器保護用としては300kVAまで、高圧進相コンデンサ保護用としては50kvarまで使用可能ですので、小規模な受変電設備においてよく使用されています。

　開閉性能があまり高くないので（負荷開閉50回、無電圧開閉300回）、頻繁に開閉をする場所へは設置できません。

2 高圧カットアウトの構造

　高圧カットアウトには**箱形**と**筒形**とがあります。筒形は円筒状をしたカットアウトで、配電用変圧器の保護用などに使用されています。電路の開閉は、下部からヒューズを抜き差しすることで行います。ヒューズが溶断すると筒が下がる形式になっており、地上から発見しやすく、また、円筒形になっているため、雪が積もりにくいという利点があります。

　一方、箱形は磁器製のカットアウト本体と蓋で構成されています。蓋の内

写真2・8-1 ●投入状態

写真2・8-2 ●開放状態

写真2・8-3 ●高圧カットアウト用操作棒

側にヒューズ筒が装着でき、蓋の開閉により入切します（本体側に固定電極、ヒューズ筒に接触刃があります）。ヒューズが切れたときは、蓋の下部から赤色の溶断表示が飛び出すので確認できます。キュービクルや電気室では、通常は箱形のカットアウトが使用されます。

写真2・8-1、写真2・8-2は箱形のカットアウトです。写真2・8-1は投入状態、写真2・8-2は開放状態です。

蓋の開閉は、蓋の前面の穴に高圧カットアウト用操作棒（写真2・8-3）のフックを掛けて行います。操作棒はヒューズの交換にも使用します。

3 ヒューズ

カットアウトで使用する主なヒューズを、表2・8-1に示します。

パワーヒューズ（写真2・8-4）は、ヒューズ本体とヒューズ筒が一体となっているので、そのままカットアウトに取り付けられます。テンションヒューズ（写真2・8-5）、タイムラグヒューズ（写真2・8-6）、ダブルヒューズ（写真2・8-7）は、ヒューズを写真2・8-8のヒューズ筒に取り付けてからカットアウトに装着します。

表2・8-1 ●ヒューズの種類

種　別	タイプ	特徴	用途
テンションヒューズ	速動形	過電流耐量が小さく溶断が早い	変圧器二次側の短絡保護
タイムラグヒューズ	遅動形	熱容量が大きく、変圧器の突入電流や、電動機の始動電流で溶断しにくい	変圧器二次側の短絡保護 電動機保護
ダブルヒューズ	再閉路形	1段目ヒューズが溶断しても、2段目で通電可能	停電を回避したい場合
パワーヒューズ	限流形	遮断容量が大きい	コンデンサ保護

写真2・8-4 ●パワーヒューズ

写真2・8-5 ●テンションヒューズ

写真2・8-6 ●タイムラグヒューズ

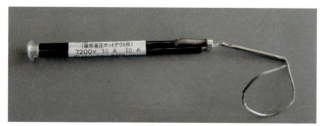

写真2・8-7 ●ダブルヒューズ

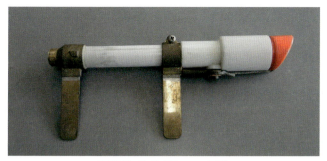

写真 2·8-8 ●ヒューズ筒

4 保守管理

　カットアウトは、蓋の投入不足や振動、あるいは保持力の低下などにより、接触不良となる場合があります。**写真 2·8-9** は接触不良により、右側の

写真 2·8-9 ●接触刃の過熱

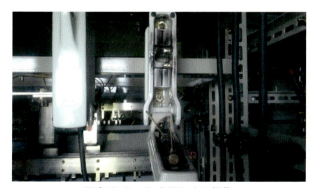

写真 2·8-10 ●雷による損傷

接触刃が過熱して変色したものです。これが進行すると、カットアウトが焼損するおそれがあるので、サーモラベルや放射温度計などで温度管理します。また、ヒューズは経年劣化で溶断することがありますので、定期的に交換することが重要です。

写真2・8-10は、雷サージによりカットアウトのヒューズ部が吹き飛んだところです。避雷器を設置するなどの雷害対策が必要です。

コラム12 高圧カットアウトのヒューズ　　　　　column

　高圧カットアウトには様々なヒューズが使用されますが、遮断能力の違いによって、非限流形と限流形に分類されます。

　テンションヒューズ、タイムラグヒューズ、ダブルヒューズなどの通常のヒューズは、非限流形ヒューズです。これらのヒューズは、遮断能力が低いので、短絡電流は遮断できません。

　一方、パワーヒューズは限流形ヒューズになります。限流形ヒューズは、溶断時にアーク抵抗（電圧）を高めることによって、短絡電流を小さく抑制して遮断を行います。このように、短絡電流が波高値に達しないように制御する作用を限流作用といい、遮断器などでは出し得ない、限流形ヒューズ特有の重要な特性です。これによって、回路や回路に接続されている機器が受ける機械的・熱的損傷を著しく軽減することができます。

　また、高圧カットアウトにヒューズの代わりに素通し線（銅線）を使用する場合もあります。素通し線は、高圧カットアウトの断路機能のみ利用するときに使用します。例えば、50kvar以下のコンデンサの開閉装置には、高圧カットアウトが認められていますが、主遮断装置でコンデンサを保護できれば、素通し線の使用が可能です。あるいは、避雷器には保安上必要なときに電路から切り離せるように、断路器を設置しなければなりませんが、素通しの高圧カットアウトも使用できます。

避雷器一次側の素通し高圧カットアウト

2・9 変圧器(T)

1 変圧器とは

　高圧の需要家は、電力会社の6 600 V配電線から電力を受電します。しかし、一部の大容量負荷を除いて6 600 Vのまま使用することはほとんどなく、100 Vや200 Vの低圧に変圧して使用します。変圧器は、受電電圧を使用電圧に変換するために使用します。

　変圧器は、図2・9-1のように、鉄心に二つの巻線を巻いたものです。一次巻線N_1に交流電圧V_1を印加すると、鉄心内部に磁束ϕが発生し、電磁誘導により、二次巻線N_2に交流電圧V_2が発生します。

　このとき$\dfrac{V_1}{V_2} = \dfrac{N_1}{N_2} = a$となり、二次巻線には巻数に比例した電圧が発生します。また、電流は$\dfrac{I_1}{I_2} = \dfrac{N_2}{N_1} = \dfrac{1}{a}$となり、二次巻線には巻数に反比例した電流が流れます。一次側から見た変圧器の1相分の等価回路を、図2・9-2に示します。

　このように、変圧器は電気エネルギーを磁気エネルギーに変換し、さらに電気エネルギーに変換することにより、電圧と電流を変えることができる機器です。ただし、周波数を変えることはできません。

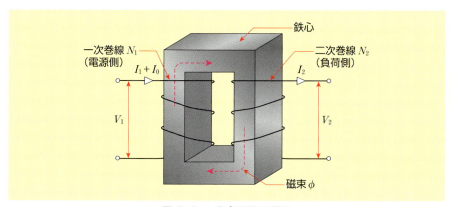

図2・9-1 ●変圧器の原理

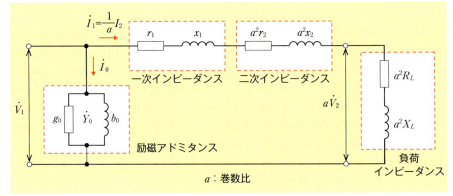

図2・9-2 ●変圧器の等価回路

　変圧器は受変電設備の中では最も重要な機器であり、その信頼度が設備全体の信頼度を左右するものとなります。

2 変圧器の種類

　変圧器には様々な種類があります。**巻線の数**でいうと、**単巻線**と**多巻線**（2巻線や3巻線など）があります。**鉄心の構造**では、**内鉄形**と**外鉄形**があります。また、**冷却方式**では**自冷式**、**風冷式**、**水冷式**などがあります。さらに、使用する**絶縁材料**により、**油入**、**モールド**、**ガス絶縁**などがあります。これらの中で、高圧受電設備で通常使用される変圧器は、**油入自冷式変圧器**と**モールド自冷式変圧器**です。

（1）油入変圧器

　鉄心と巻線が絶縁油の中に収められており、絶縁油は絶縁と冷却の役目を果たしています。外箱の周囲は波形状やパイプ状をしており、放熱の働きをしています。他の変圧器に比べて安価なため、最もよく使用されています。**写真2・9-1**、**写真2・9-2**は、キュービクルに設置された油入変圧器です。

（2）モールド変圧器

　写真2・9-3、**写真2・9-4**のように、巻線部分をエポキシ樹脂（絶縁物）でモールドした変圧器です。油入変圧器より高価ですが、絶縁油を使用していないため、難燃性で消火設備の軽減も図れます。公共施設や病院など重要箇所の受電設備、あるいは地下室の受電設備などで使用されます。

　油入変圧器と異なり、モールド変圧器の表面は巻線導体とほぼ同じ電位になっており、触れると危険なので、**写真2・9-5**のような危険表示ラベル

2・9 変圧器(T)

が貼ってあります。

写真2・9-1 ●油入変圧器(単相)

写真2・9-2 ●油入変圧器(三相)

写真2・9-3 ●モールド変圧器(単相)

写真2・9-4 ●モールド変圧器(三相)

写真2・9-5 ●モールド変圧器の危険表示

3 変圧器の構造

　三相3線6 600 V/210 V 油入変圧器の構造例を、図2・9-3 に示します。この変圧器の主要な部分について説明します。

（1）鉄　心

　変圧器の鉄心には鉄損が少なく、飽和磁束密度や透磁率の大きい材料が適しています。けい素鋼板が多く用いられ、特定の方向に磁化しやすい方向性鋼板が採用されることも多い。また、特に損失の低減を図る目的で、磁区制御けい素鋼板やアモルファス（非結晶）鋼板が用いられることもあります。

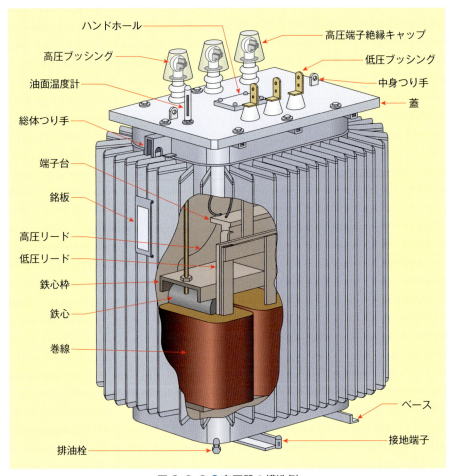

図2・9-3 ●変圧器の構造例

写真2・9-6 ●変圧器巻線

(2) 巻 線

　巻線には、絶縁被覆を有する軟銅線あるいはアルミ線が用いられます。通常は、写真2・9-6のように、二次巻線(低圧側)を鉄心側に巻いた上に、一次巻線(高圧側)を重ねます。また、複数の二次電圧が必要な場合や電圧の調整が必要な場合は、巻線の途中から端子(タップ)が取り出されます。
　巻線の絶縁には、クラフト紙やプレスボードが使用されます。

(3) タップ切換端子

　変圧器巻線の高圧側には、タップ切換端子があります。これは、無電圧状態で巻数比を変えるもので、二次側の電圧を調整するためのものです。油入変圧器の場合、タップ切換端子は変圧器内部にあるので、ハンドホールや上蓋を外して油中で作業します。このため、工具やナットなどが変圧器内部に落下しないよう、注意が必要です。
　写真2・9-7はタップ切換端子の例です。この例では、6 600Vタップを使用しています。タップ電圧は、写真2・9-8の接続バー（ジャンパー）を移動することにより変更できます。写真2・9-9は、各相ごとにタップ切換端子を設けている例です。
　変圧器のタップは、150Vステップとなっており、タップを1ステップ変えると、二次電圧は210V回路で約5V、105V回路では約2.5V変化します。

写真2・9-7 ●タップ切換端子

写真2・9-8 ●接続バー

タップ調整例

現在の使用タップが6 600 Vで二次電圧が205 Vと低いので、二次電圧を215 Vに上げたい場合は、

①使用タップが6 600 Vの場合、定格二次電圧が210 Vなので、

$$変化比 = \frac{6\,600}{210} ≒ 31.43$$

二次電圧が205 Vなので、このときの一次電圧は、

　一次電圧 = 205 × 31.43 ≒ 6 443〔V〕

②二次電圧を215 Vにする場合、一次電圧が6 443 Vなので、

$$変圧比 = \frac{6\,443}{215} ≒ 29.97 \quad にすればよい。$$

6 300 Vタップにすると、

$$変圧比 = \frac{6\,300}{210} = 30 \quad となる。$$

③したがって、6 600 Vタップから6 300 Vタップに変更すればよい。

$$二次電圧 = \frac{6\,443}{30} ≒ 215〔V〕 \quad となる。$$

写真2・9-9 ●タップ切換端子

（4） 温度計

変圧器は使用温度が高いほど寿命が短くなるので、運転時の温度管理が重要となります。このために、温度計が付属しています。写真2・9-10は油面温度計で、油面計と温度計の機能を有しており、変圧器内の油量と油温を監視できます。写真2・9-11はダイヤル温度計です。このダイヤル温度計は、通常の温度指示の指針、過去の最高温度を指示する指針、任意温度にセットできる警報接点付きの指針の3本の指針を持っています。

（5） 呼吸器

絶縁油は負荷や周囲温度の変化により、膨張・収縮するので、油面が上下します。小容量変圧器では上部に空隙を設けて密閉しますが、容量の大きいものでは、写真2・9-12のような呼吸器が使用されます。これは、内部圧力が大気圧と同じになるように、パイプにより空気の出入口を設けたもので

写真2・9-10 ●油面温度計

写真2・9-11 ●ダイヤル温度計

写真 2・9-12 ●呼吸器

写真 2・9-13 ● 吸湿呼吸器（シリカゲル新品）

写真 2・9-14 ●吸湿呼吸器（シリカゲル吸湿状態）

す。パイプの先端には油ポットを取り付けて、空気中のほこりや湿気が変圧器内部に入るのを防いでいます。

　また、写真 2・9-13 のように、油ポットに吸湿剤（シリカゲル）を取り付けたものもあります。シリカゲルは、青色に着色されていますが、吸湿するにしたがってピンク色（写真 2・9-14）に変色します。したがって、変色した場合は、交換が必要です。

（6） 銘　板

　変圧器には写真 2・9-15 のような銘板が取り付けられています。銘板には定格、形式、製造年、製造番号など機器の仕様が明記されています。

　写真 2・9-15 では一次電圧の箇所に、F 6750 V、R 6600 V、F 6450 V、F 6300、6150 V の五つの電圧が表示されています。これはタップ電圧を表していますが、使用するタップによって表 2・9-1 の種類があります。なおタップ電圧は、JIS C 4304 では表 2・9-2 のように規定されています。

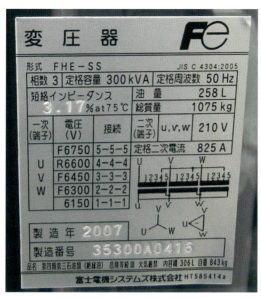

写真2・9-15 ●変圧器銘板例

表2・9-1 ●タップの種類

記号	名　称	内　　容
F	全容量タップ	定格容量で連続使用できるタップ
R	基準タップ	全容量タップの中で基準となるタップ （定格容量・定格電流など定格値の基準となる）
なし	低減容量タップ	定格容量よりも小さい容量でなければ規定温度上昇限度内で使用できないタップ

表2・9-2 ●タップ電圧

変圧器	全容量タップ	基準タップ	低減容量タップ
単相	6 750V、6 450V、6 300V	6 600V	6 150V
三相 50kVA 以下	6 300V	6 600V	6 000V
三相 50kVA 超過	6 750V、6 450V、6 300V	6 600V	6 150V

> **低減容量タップの容量計算**
>
> ①低減容量タップは、定格容量で使用できません。
> 　この場合、使用できる容量は、
> $$定格容量 = \frac{低減容量タップ電圧}{最低全容量タップ電圧}$$
> となります。
>
> ②**写真2・9-15**の変圧器の場合、低減容量タップ電圧は6 150 Vで、最低全容量タップ電圧は6 300 Vです。したがって、
> $$\frac{6\,150}{6\,300} ≒ 0.976 \quad となり、$$
> 低減容量タップ6 150 Vで使用できる容量は、定格容量の**97.6%**となります。

（7）ブッシング

写真2・9-16は高圧ブッシング、**写真2・9-17**は低圧ブッシングです。ブッシングは、外箱を貫通する導体を外箱から絶縁すると共に、気密（シール）を図るためのものです。低圧側のブッシングは、高圧より電流が大きくなるので、中心導体が太く、端子の形状も大きくなります。特に、低圧ブッシングの両端（外箱の外部と内部）の端子部は接続不良による事故（過熱・焼損）が多いので、注意が必要です。

写真2・9-18、**写真2・9-19**は接続部のゆるみにより、低圧端子が焼損した例です。**写真2・9-18**は変圧器の外側、**写真2・9-19**は変圧器の内側です。変圧器は、200 kVAで設置後8年経過の比較的新しいものでした。

（8）ハンドホール

変圧器の内部点検やタップ変更あるいは絶縁油の交換などのため、変圧器の上部には、**写真2・9-20**のようなハンドホールがあります。ハンドホールの蓋はボルトで固定しているので、ボルトを取れば外せます。なお、小形変圧器にはハンドホールがない場合がありますが、その場合は**写真2・9-21**のように、変圧器上面の蓋（カバー）を外すことにより、内部が確認できます。ハンドホールの蓋も変圧器の蓋も、パッキンで密封されているので、取り付けや取り外しはていねいに行わなければなりません。パッキンが劣化

2・9 変圧器(T)

写真2・9-16 ●高圧ブッシング

写真2・9-17 ●低圧ブッシング

写真2・9-18 ●端子焼損(外部)

写真2・9-19 ●端子焼損(内部)

写真2・9-20 ●ハンドホール

写真2・9-21 ●蓋(カバー)を外した状態

すると油漏れや吸湿のおそれが生じるので、交換が必要になります。

(9) 接地端子

　変圧器の外箱を接地するためのものです。高圧機器のためA種接地工事になります。写真2・9-22は、接地端子に接地線が接続されている状態です。

149

写真 2・9-22 ●接地端子

4 変圧器の定格

（1） 定格容量

　定格容量とは、定格二次電圧、定格周波数、定格力率において、規定された温度上昇の限度を超えることなく、二次端子間に得られる皮相電力です。通常は、〔kVA〕で表示します。変圧器の標準容量は、JIS C 4304（6 kV 油入変圧器）では表 2・9-3 のように規定されていますので、この中から選定します。

　変圧器容量は、負荷設備容量や需要率などを考慮して、次式で求めます。

$$変圧器容量 \geq \frac{負荷設備容量〔kW〕}{総合力率〔\%〕} \times 需要率〔\%〕$$

この式で求められた数値の標準容量を、選定します。

（2） 定格周波数

　周波数は 50 Hz 又は 60 Hz が標準です。50 Hz 用の変圧器はインピーダンス電圧が大きくなりますが、60 Hz でも使用可能です。一方、60 Hz 用の変圧器は 50 Hz では使用できません。60 Hz 用の変圧器を 50 Hz で使用すると、

表 2・9-3 ●標準容量

区　分	定格容量〔kVA〕
単相	10、20、30、50、75、100、150、200、300、500
三相	20、30、50、75、100、150、200、300、500、750、1 000、1 500、2 000

磁束が1.2倍になり、鉄心が磁気飽和します。このため、
- 励磁電流及び励磁突流電流が著しく増える。
- 無負荷損失が大幅に増える。
- 騒音・振動が非常に大きくなる。

などの障害が発生するので、使用できません。

（3） 短絡インピーダンス

短絡インピーダンスは、二次側を短絡したときの一次側から見たインピーダンスです。また、定格電流を流したときの電圧降下がインピーダンス電圧です。短絡インピーダンスは、通常％インピーダンスで表します。短絡インピーダンスが大きいと、変圧器の電圧変動も大きくなります。6kV変圧器の短絡インピーダンスは、通常は2～6％程度です。

5 絶縁油の保守管理

（1） 絶縁油の劣化

油入変圧器の性能は絶縁油により大きく左右されるため、絶縁油の保守管理は非常に重要です。絶縁油は使用中に徐々に劣化し、様々な劣化成分が生成されて、絶縁耐力や冷却能力が低下します。劣化の原因で最も大きなものは、空気との接触によって絶縁油が酸化することです。このため、定期的に絶縁油試験を実施し、性能の確認を行います。

絶縁油の試験としては、通常、**絶縁破壊電圧試験**、**全酸価試験**を行います。これらの試験データは経年的な変化の把握が重要であり、絶縁油が不良と判断された場合は、その緊急度合いによって、ろ過、浄油、再生又は取り替えを行います。

（2） 絶縁油の劣化状況

写真2・9-23～写真2・9-26は、変圧器の蓋をあけて内部を見た状況です。写真2・9-23は新設の変圧器です。絶縁油は無色透明で内部がよく見えます。写真2・9-24は、やや劣化した絶縁油で、茶色くなっています。写真2・9-25、写真2・9-26はかなり劣化しています。

特に写真2・9-26の絶縁油は、まっ黒で内部は見えません。この変圧器は、長期間過負荷で使用したものです。絶縁油の劣化は色だけでは判断できませんが、このような状態では、絶縁油にかなりの量のスラッジや有機酸が生成されていると推定できます。

写真2・9-23 ●絶縁油の色(1)

写真2・9-24 ●絶縁油の色(2)

写真2・9-25 ●絶縁油の色(3)

写真2・9-26 ●絶縁油の色(4)

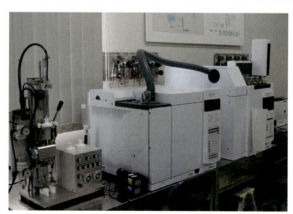
写真2・9-27 ●油中ガス分析装置

(3) 油中ガス分析(内部異常診断)

　変圧器の内部で局部過熱や部分放電が発生すると、その部分の絶縁材料の種類と異常部の温度によって特有の分解ガスが発生し、絶縁油中に溶解しま

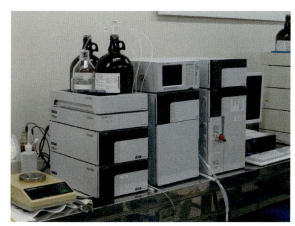

写真 2・9-28 ●フルフラール分析装置

す。この溶解ガスを分析することによって、内部異常の有無や、その状況を推定することができます。油中溶解ガスは、対象変圧器から絶縁油を採取し、**写真 2・9-27** の油中ガス分析装置(ガスクロマトグラフ)で分析します。

分析対象ガスは、非可燃性ガスでは、O_2(酸素)、N_2(窒素)、CO_2(二酸化炭素)、可燃性ガスでは、CO(一酸化炭素)、H_2(水素)、CH_4(メタン)、C_2H_6(エタン)、C_2H_4(エチレン)、C_2H_2(アセチレン)などがあります。

(4) フルフラール分析(劣化度診断)

油入変圧器内部の経年劣化を発見する有効な手段が、フルフラール分析です。変圧器内部の絶縁紙が熱により劣化すると、フルフラールという有機化合物が生成されます。このフルフラールは、絶縁油中に溶解して外部に散逸することがありません。このため、フルフラールの濃度を測定することにより、絶縁紙の劣化度を判定することが可能となります。

変圧器の寿命は、主に絶縁紙の劣化によるところが大きいので、事故防止のためには、定期的にフルフラール分析を実施することが効果的です。

フルフラールは油中ガス分析と同様に、対象変圧器から絶縁油を採取して分析します。**写真 2・9-28** が、フルフラール分析装置(高速液体クロマトグラフ)です。

2·10 高圧進相コンデンサ設備

1 力率改善

　写真2・10-1の電動機などの力率は、容量や極数により異なりますが、一般に遅れ60～80％程度です。また、写真2・10-2の水銀灯の力率は安定器の種類により異なり、低力率形では遅れ60％程度、高力率形では遅れ90％程度です。このように、電力負荷は通常は遅れ力率なので、力率が悪い機器が電路に数多く接続されていると、総合的な力率が低下します。

　力率が低下すると無効電力が増大して、設備利用率が低下します。また、同じ電力を使用する場合でも電流が大きくなり、電力損失の増加、電圧降下の増大など、様々な弊害が生じます。さらに、力率が悪いと電気料金も高くなります。したがって、力率はできるだけ100％に近づくように改善しなければなりません。

　力率を改善する方法としては、回路に進相コンデンサを接続して、遅れの無効電力を打ち消す方法が一般的です。

2 設置箇所

　進相コンデンサの設置箇所は、図2・10-1のように、高圧母線あるいは低圧母線に一括設置する方式と、低圧機器に個別に設置する方式とがあり

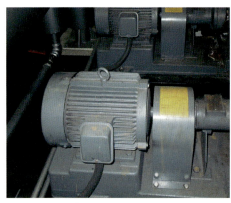

写真2・10-1 ●電動機

写真2・10-2 ●水銀灯

2・10 高圧進相コンデンサ設備

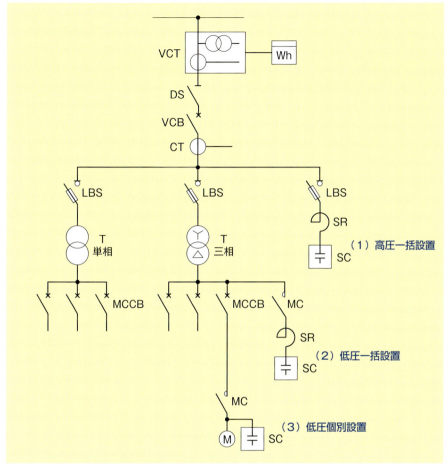

図2・10-1 ●進相コンデンサの設置箇所

ます。通常は、設置費用とその効果あるいは保守性などを考慮して、高圧母線に一括して設置します。**写真2・10-3**はキュービクル、**写真2・10-4**は電気室に設置した進相コンデンサです。また、銘板例を、**写真2・10-5**に示します。

（1） 高圧一括設置

　高圧側の母線に一括して設置する方式です。この場合、設置点から下位の力率は改善されず、変圧器損失や低圧側の線路損失の低減には効果がありません。しかし、力率改善の最大の目的である基本料金の割引は得られます。また、高圧側に一括設置するので、設備費用は最も安く保守も容易になります。

写真2・10-3 ●キュービクル設置

写真2・10-4 ●電気室設置

写真2・10-5 ●進相コンデンサの銘板(例)

(2) 低圧一括設置

　低圧側の母線(変圧器二次母線)に一括して設置する方式です。設置箇所より、上位の変圧器損失や高圧側の線路損失の低減に効果があります。ただし、高圧コンデンサよりも設置費用が高くなります。

(3) 低圧個別設置

　低圧機器と並列に設置する方式です。この場合、低圧末端の機器ごとに力率改善を行うので、最も効果が大きくなります。ただし、コンデンサを分散して設置するので、設備費用は最も高くなります。また、保守にかかる労力や費用も大きくなります。

3 進相コンデンサの構造

(1) 構造

　進相コンデンサの構造例を、図2・10-2 に示します。進相コンデンサは

2・10 高圧進相コンデンサ設備

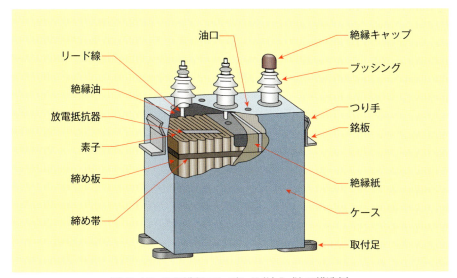

図2・10-2 ●進相コンデンサ(油入式)の構造例

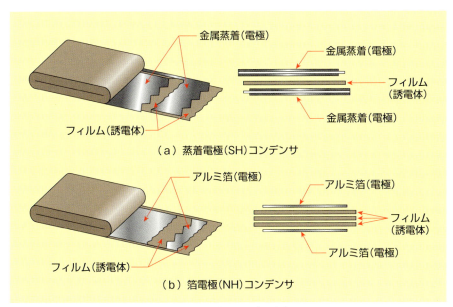

図2・10-3 ●コンデンサ素子

絶縁の種類により、**油入式**と**乾式**(SF_6ガスや窒素ガスを使用)とがあります。乾式はオイルレスのため、防災用として使用されますが、一般には、油入式が広く使用されています。

油入式コンデンサは、コンデンサ素子を直並列に接続したものを、金属製のケースに収めて、真空乾燥した後に絶縁油を注入含浸したものです。図2・10-3に示すように、コンデンサには、素子の電極構造により**蒸着電極コンデンサ（SH形**：Self-Healing）と**箔電極コンデンサ（NH形**：Non-Self-Healing）の２種類があります。

　蒸着電極コンデンサは、プラスチックフィルムの表面に金属を真空蒸着して、これを電極として使用するものです。金属蒸着膜を電極としているので、誘電体の一部が絶縁破壊した場合でも、その部分の電極が瞬時に蒸発消滅して、絶縁が自己回復する特徴があります。

　箔電極コンデンサは、電極に金属箔（アルミ箔）を使用したものです。蒸着電極コンデンサと異なり、自己回復機能はありません。

　コンデンサは信頼性の高い機器ですが、経年使用やストレスで本体内部に異常が生じると絶縁破壊し、容器変形、亀裂、噴油爆発などを生じる場合があります。このような事故を防止するために、コンデンサには保護装置が内蔵されています。

（２）　蒸着電極コンデンサの保護装置

　蒸着電極コンデンサは、素子が破壊しても自己回復機能により破壊部の電流が遮断され、容量は若干減少しますが、そのまま使用可能となります。

　また、寿命末期や自己回復不能な絶縁破壊状態でも金属蒸着膜の抵抗のため、大きな短絡電流が流れることはほとんどありません。このように事故時の電流が大きく増加しないので、過電流検出（電気的検出）方式では保護が難しくなります。

　しかし、蒸着電極コンデンサは、破壊部の発熱により絶縁油が分解してガスが発生するので、徐々に内部圧力が上昇し、ケースがふくらみます。

　このため、保護方式としては、ふくらみによる変形力で内蔵の保安装置（機械式ヒューズ）が動作して自己遮断するものや、内部圧力を検出する圧力保護接点付き、あるいはケースのふくらみをマイクロスイッチで直接検出するものなどがあります。このように、蒸着電極コンデンサには、機械式の保護装置が適しています。

　写真2・10-6は圧力保護接点です。この接点を使用して警報を発生させたり、開閉器を開放させたりします。

　なお、二次災害や外部短絡を保護する目的で、高圧限流ヒューズ（電気的検出）の併用も必要です。

2・10 高圧進相コンデンサ設備

写真2・10-6 ●圧力保護接点

（3） 箔電極コンデンサの保護装置

　箔電極コンデンサは、誘電体の絶縁破壊により素子が短絡すると、他の直列素子が過電圧になって次々に破壊されて、最後にはすべての素子が破壊する完全短絡になるおそれがあります。この場合、アークエネルギーが極めて大きく、瞬時に内部圧力が上昇します。したがって、コンデンサ保護としては、過電流検出（電気的検出）方式が適しており、一般には高圧限流ヒューズが使用されます。

4 開閉装置

　進相コンデンサの開閉装置は、高圧受電設備規程（JEAC 8011）で**表2・10-1**のように決められています。ただし、進相コンデンサの入・切制御を行う場合には、遮断器又は高圧真空電磁接触器を使用します。
　写真2・10-7は開閉装置として高圧交流負荷開閉器を、**写真2・10-8**

表2・10-1 ●進相コンデンサの開閉装置

機器種別 進相コンデンサの定格設備容量	開閉装置			
	遮断器（CB）	高圧交流負荷開閉器（LBS）	高圧カットアウト（PC）	高圧真空電磁接触器（VMC）
50kvar 以下	○	○	○	○
50kvar 超過	○	○	×	○

（出典）高圧受電設備規程 1150-3 表

159

写真2·10-7●高圧交流負荷開閉器

写真2·10-8●高圧カットアウト

は高圧カットアウトを使用したものです。

5 直列リアクトル

（1） 直列リアクトルの役割

　力率改善のために進相コンデンサを電路に接続すると、電路の高調波成分が増大して、波形のひずみが大きくなります。これを防ぐには、高調波に対して回路を誘導性にする必要があります。このために使用するのが直列リアクトルであり、コンデンサと直列に接続します。

　また、直列リアクトルはコンデンサ投入時の突入電流を抑制し、開閉器の寿命低下や計器用変流器（CT）、過電流継電器（OCR）などの機器の損傷を防止する働きもあります。

　直列リアクトルには、絶縁油を使用した**油入リアクトル**（**写真2·10-9**）と樹脂でモールドした**乾式リアクトル**（**写真2·10-10**）があります。進相コンデンサと同様に、防災用には乾式リアクトルが使用されますが、通常は、油入リアクトルが選定されます。また、**写真2·10-11**はリアクトルの銘板の例です。

（2） リアクトルの容量

　通常は、コンデンサ容量の６％のリアクトルが使用されます。６％という

写真2・10-9 ●油入リアクトル

写真2・10-10 ●乾式リアクトル

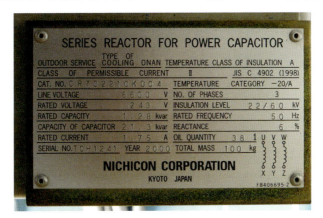
写真2・10-11 ●リアクトル銘板例

のは、リアクトルのリアクタンスがコンデンサのリアクタンスの6％ということであり、容量の比率でも同様に6％になります。表2・10-2に、定格設備容量100kvarの場合の、コンデンサとリアクトルの容量計算例を示します。また、この場合の回路図を図2・10-4に示します。

　回路電圧はコンデンサと組み合わせて使用する場合の使用電圧であり、リアクトルとコンデンサの位相が180°異なるので、6％リアクトルの場合、次式のようになります。

　　　回路電圧＝コンデンサ電圧＋リアクトル電圧
$$= 7\,020 - \sqrt{3} \times 243 \fallingdotseq 6\,600 \text{［V］}$$

　このように、コンデンサはリアクトルが付属することが前提ですので、コンデンサの定格電圧は、リアクトル設置を考慮した値となっています。

表2·10-2 ●容量計算例

定格設備容量		100kvar（コンデンサとリアクトルを組み合わせた容量）
回路電圧		6 600V
定格電流		8.75A
コンデンサ	定格電圧	$\dfrac{回路電圧}{1-\dfrac{L}{100}}=\dfrac{6\,600\text{V}}{0.94}=7\,021.28\,(\text{V})\fallingdotseq 7\,020\,(\text{V})$
	定格容量	$\dfrac{定格設備容量}{1-\dfrac{L}{100}}=\dfrac{100\text{kvar}}{0.94}=106.38\,(\text{kvar})\fallingdotseq 106\,(\text{kvar})$
リアクトル	リアクタンス	6%
	定格電圧	$\dfrac{コンデンサ定格電圧}{\sqrt{3}}\times\dfrac{L}{100}=\dfrac{7\,020\text{V}}{\sqrt{3}}\times 0.06$ $=243.18\,(\text{V})\fallingdotseq 243\,(\text{V})$
	定格容量	$\dfrac{定格設備容量}{1-\dfrac{L}{100}}\times\dfrac{L}{100}=\dfrac{100\text{kvar}}{0.94}\times 0.06=6.383\,(\text{kvar})$ $=6.38\,(\text{kvar})$

（注）計算式のLはリアクトルの%を表す。

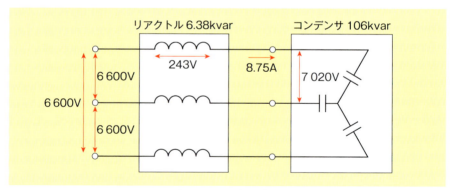

図2·10-4 ●回路図

（3） 保護装置

リアクトルを設置すると、コンデンサのみの場合と比べて、高調波電流の流入が増加します。許容限度を超えて過電流のまま使用すると、過熱・焼損に発展するおそれがあります。このため、リアクトルには異常な温度上昇を検出する保護用接点（写真2・10-12）が付属しています。図2・10-5は、温度接点の回路図です。

写真2・10-12 ●温度異常検出接点

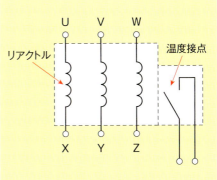
図2・10-5 ●温度接点

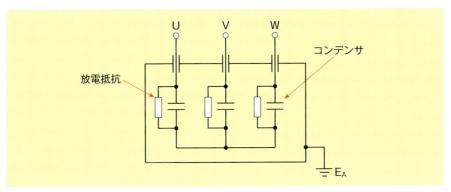
図2・10-6 ●放電抵抗

（4） 残留電荷

　コンデンサは開放しても残留電荷が存在するため、これを放電しなければなりません。通常、コンデンサには図2・10-6のように、放電抵抗が内蔵されているので、これにより残留電荷が放電されます。

　ただし、放電抵抗の放電性能は、コンデンサの端子電圧を5分間で、50Vに低減できることと規定されており、放電にかなりの時間を要します。このため、コンデンサを開路後に短時間で再投入すると、残留電圧のために大きな過渡過電圧を発生して、コンデンサにダメージを与えることになります。したがって、コンデンサ開路後5分以内の短時間での再投入は避けるべきであり、自動制御装置などにより短時間で再投入する場合は、数秒で放電できる放電コイルを設置しなければなりません。放電コイルを設置すると、開路後のコンデンサ端子電圧は、5秒間で50V以下になります。

6 保守管理

(1) ふくらみ

コンデンサの内部は絶縁油が充満され、内部圧力が加圧ぎみになるように密封されています。これは、温度が低下して絶縁油の体積が収縮しても、コンデンサケース内部が負圧にならないようにするためです。このため、コンデンサは通常は若干ふくれています。しかし、内部異常が発生すると、ふくれが大きくなるので、外観点検での確認が必要になります。表2・10-3に、コンデンサケースのふくれ許容限界を示します。これは、写真2・10-13のように片側当たりのふくらみです。

内部故障により大きくふくらんだコンデンサを、写真2・10-14に示します。

(2) 温度

コンデンサやリアクトルの温度管理は、事故防止のための重要項目です。サーモラベルや放射温度計などを使用すると、容易に監視ができます。表2・10-4に、温度管理の目安値を示します。

表2・10-3 ●コンデンサケースふくれ許容限界

コンデンサ容量〔kvar〕	ケースふくれ(t)〔mm〕
10.6～53.2	10
79.8～106	15
160～319	20
426～532	25

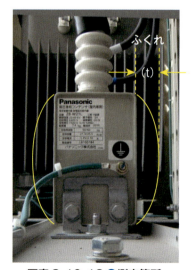

写真2・10-13 ●測定箇所

写真2・10-14 ●ケースふくれ

2・10 高圧進相コンデンサ設備

表2・10-4 ●温度管理目安

	油入高圧進相コンデンサ	油入リアクトル
測定箇所	ケース正面2/3の高さ	温度センサ取付部
温度目安	定格運転で温度上昇値15℃以下	定格運転で温度上昇値45℃以下

コラム13 力率と電気料金 column

　自家用電気設備の力率を改善することにより、無効電力が減って、電力損失や電圧降下、設備容量の低減などが可能となります。この効果はそのまま配電系統にも当てはまるので、配電設備の有効利用にもつながります。これは、電力会社にとって、大きなメリットとなるので、電気料金も力率により増減するしくみになっています。実際の電気料金は、次の計算式で求めます。

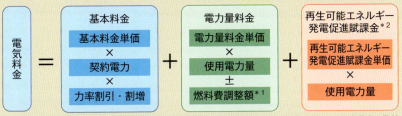

＊1 「燃料費調整制度」による料金。燃料費調整制度とは、為替レートや市場の動きにより変動する燃料価格を、あらかじめ定めたルールにより、電気料金に反映させる制度。
＊2 「再生可能エネルギーの固定価格買取り制度」によって電力の買取りに要した費用を、電気の使用者が負担するもの。

　この電気料金の計算式の中の「力率割引・割増」によると、力率85％を基準として、1％上回るごとに基本料金が1％割引かれます。逆に、1％下回るごとに基本料金が1％割増されます。したがって、割引された基本料金は次のようになります。

$$基本料金 = 基本料金単価 \times 契約電力 \times \frac{185 - 力率}{100}$$

　この計算に使用する力率は、8時から22時の間の有効電力量と無効電力量を1カ月間計量して、その値から計算します。

　ここで、基本料金の割引例を試算してみます。契約電力400kWで力率が85％から95％に改善された場合を計算します。なお、基本料金単価は1836円/kWとします。

$$割引料金額 = 基本料金単価 \times 契約電力 \times (改善後力率 - 改善前力率)$$
$$= 1836 \times 400 \times (0.95 - 0.85) = 73440 円/月$$

となります。さらに、消費税分が加わるので、1年間では約95万円と大きな料金が節減できます。

2·11 避雷器(LA)

1 高圧受電設備の雷被害

　高圧受電設備の事故原因で最も多いのは、雷によるものです。特に、引込部分である、区分開閉器(PAS)や引込ケーブルの被害が大きく、次に受電設備側の、遮断器、計器用変成器、変圧器、コンデンサなどとなります。

　写真 2·11-1 は、雷サージが侵入して故障した区分開閉器の内部です。がいしが破損しているのがわかります。また、**写真 2·11-2** は、雷サージにより変圧器が絶縁破壊したものです。右側のブッシングにアーク痕が見られます。

　特に、区分開閉器に被害が多いのは、ここが配電線との接続点であり、配電線から侵入する誘導雷の影響を受けやすいからです。

2 避雷器の役割

　避雷器の目的は、落雷時に高圧受電設備に侵入してくる雷サージや、負荷開閉時に発生する開閉サージなどの異常電圧を抑制させることです。避雷器は**アレスタ**又は**LA**(Lightning Arrester)という名称でも呼ばれています。

　図 2·11-1 に、避雷器による雷サージの抑制イメージを示します。JIS C 4608 の 2 500 A 避雷器を使用した場合、制限電圧が 33 kV なので、仮に放電電流を 2 500 A、接地抵抗を 10 Ω とすると、侵入サージ電圧は次式で求め

写真 2·11-1 ●区分開閉器内部

写真 2·11-2 ●変圧器

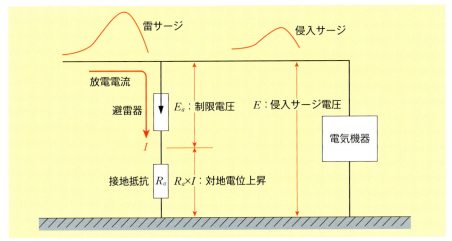

図2・11-1 ●避雷器による雷サージ抑制

られます。

$E = E_a + R_a \times I = 33〔kV〕+ (10〔Ω〕× 2.5〔kA〕) = 58〔kV〕$

通常の高圧機器の雷インパルス耐電圧は60kVなので、雷サージの被害は防げることになりますが、接地抵抗の値が避雷器の効果に大きく影響することがわかります。

3 避雷器の設置

避雷器は電気設備技術基準では、受電電力が500kW以上の需要家に設置することになっています。しかし、500kW未満の需要家でも避雷器がなければ、落雷によるサージはそのまま電気設備に流入します。したがって、どのような規模の受電設備でも、避雷器を設置しておくのが望まれます。

避雷器は、雷サージが侵入するおそれがある部分に設置しますので、通常は受電点になる引込口に設置することになります。避雷器と保護すべき高圧機器との距離が長い場合、避雷器が有効に働かないことがありますので、避雷器はできるだけ区分開閉器の近くに設置します。避雷器を内蔵した区分開閉器であれば、避雷器と高圧機器が同一場所に存在することになるので、より効果的です。

写真2・11-3は、電気室に設置された避雷器です。避雷器には、点検時や故障時に電路から切り離すために断路機能が必要ですが、写真2・11-3ではこのために、高圧カットアウト(PC)を使用しています。高圧カットア

トにはヒューズの代わりに**素通し線(銅線)**を入れています。これは雷放電時に、ヒューズが溶断してはならないからです。

写真2・11-4は、キュービクルに設置された避雷器です。この避雷器には、三極連動式の断路機能が付いていますので、断路器を別に設置する必要がありません。操作棒で右側のハンドルを引くことにより、断路器ごと三相同時に避雷器が開路されます。

写真2・11-5は、電柱上に設置された避雷器です。PASの二次側で、引込第1柱の腕金に取り付けています。

写真2・11-3 ●電気室設置

写真2・11-4 ●キュービクル設置

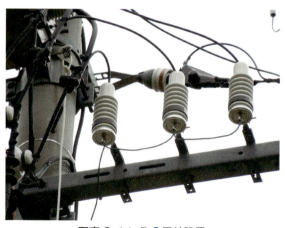
写真2・11-5 ●屋外設置

4 避雷器の動作

避雷器の動作を、図2・11-2により説明します。(a)は、その線路に雷サージが侵入していない状態を示し、避雷器は動作していません。もし、その線路に絶縁を脅かすような雷サージ電圧が侵入すると、(b)のようにスイッチが閉じた状態になり、放電(動作)開始電圧に達すると、雷サージ電流が流れ始めます。(c)は雷サージ電流がスイッチを通り、大地へ流れている状態です。

雷サージ電流が避雷器を通過するとき、避雷器の両端子間の電圧降下(制限電圧)が低いほど、電気設備に加わる雷サージ電圧は小さくなります。(d)は、(c)の状態で雷サージがなくなった状態です。このままでは、線路と大地間は地絡状態なので、商用電流が流れ続けて避雷器が破壊するので、その電流(**続流**)を遮断します。避雷器はこのような一連の動作で、電気設備を雷サージ等の過電圧から保護します。

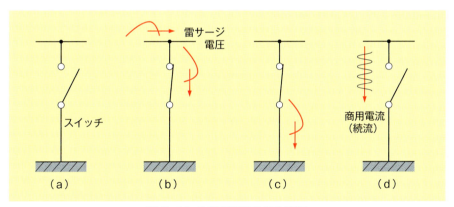

図2・11-2 ●避雷器の動作原理

5 避雷器の構造

避雷器には**ギャップ付避雷器**と、**ギャップレス避雷器**があります。

ギャップ付避雷器の場合、図2・11-3(a)のように気中ギャップと呼ばれるすきまと、特性要素(ZnO：酸化亜鉛素子)という抵抗で構成されています。通常時は、気中ギャップがあるため特性要素に商用電圧が加わることがありませんが、雷撃などの異常電圧が印加されると、気中ギャップが放電し特性要素に電圧が印加され、大地に異常電圧を放流します。

特性要素は、非直線の電圧－電流特性を利用し、放電時は大電流を通過させ、放電後は続流を阻止するという特徴を持っており、落雷や開閉による大電流を効率的に大地へバイパスでき、かつ続流は短時間で遮断されるため、電路は正規状態を保つことができます。

　一方、**ギャップレス避雷器**は、図2・11-3（b）のように直列ギャップを使用しないので、放電耐量が大きく、放電電流は5 000 A ～ 10 000 Aまで対応可能です。ギャップレス避雷器は、電圧－電流特性の優れた特性要素（酸化亜鉛素子）を使用しているので、通常の運転電圧では絶縁体となるため、

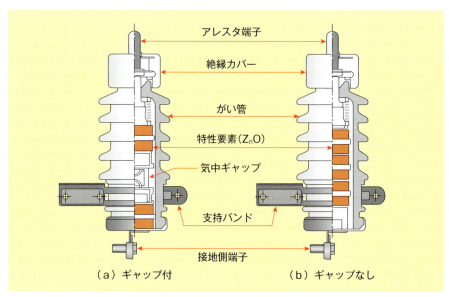

図2・11-3 ●避雷器の構造

写真2・11-6 ●ギャップ付避雷器

写真2・11-7 ●ギャップレス避雷器

数μAの電流しか流れません。

写真2・11-6は公称放電電流2500Aのギャップ付避雷器、写真2・11-7は公称放電電流5000Aのギャップレス避雷器です。

6 避雷器の定格

(1) 定格電圧
公称電圧6.6kVの電路であれば、定格電圧8.4kVを選定します。

(2) 公称放電電流
6.6kVで受電する需要家の場合、配電線路に発生する雷電流のほとんどは1000A以下なので、通常は公称放電電流2500Aの避雷器が使用されています。しかし、特に雷害が多い地区では5000Aの避雷器を設置します。表2・11-1に、JIS C 4608で規定する公称放電電流と耐電圧、放電開始電圧、制限電圧の値を示します。これは、ギャップ付避雷器の規格であり、一般の高圧受電設備では、通常はこのタイプの避雷器が使用されます。

(3) 使用場所
避雷器には、屋内用、一般用、耐塩用などの種類があるので、設置場所の環境に合わせて適切なものを選定します。なお、JIS C 4608は屋内用避雷器の規格なので、屋外用の場合はJEC 2374規格の避雷器を使用します。

表2・11-1 ● JIS C 4608 高圧避雷器

公称放電電流	耐電圧		商用周波放電開始電圧*(実効値)	雷インパルス放電開始電圧(波高値)		公称放電電流における制限電圧(波高値)
	商用周波電圧(実効値)	雷インパルス電圧(波高値)		標準	0.5μs	
2500A	22kV	60kV	13.9kV	33kV	38kV	33kV
5000A	22kV	60kV	13.9kV	33kV	38kV	30kV

(注) *以前は商用周波放電開始電圧は12.6kVであったが、2015年に改正された。

7 避雷器の接地

(1) 接地抵抗
電気設備技術基準では、避雷器の接地はA種接地工事となっています。したがって、接地抵抗の値は10Ω以下とする必要があります。

ただし、雷のようなサージ電流が流れた場合の接地抵抗は、従来の接地抵

抗（商用周波電流に対する接地抵抗）とは異なり、時間的に変化する過渡接地抵抗となります。このような接地抵抗を、サージインピーダンスと呼んでいます。サージインピーダンスは、サージの波形や接地線の長さ、接地極の形状などによって値が変わります。避雷器の効果を高めるためには、サージインピーダンスを小さくすることが重要です。

（2） サージインピーダンス計

サージインピーダンスを測定する測定器が、**写真2・11-8**のサージイン

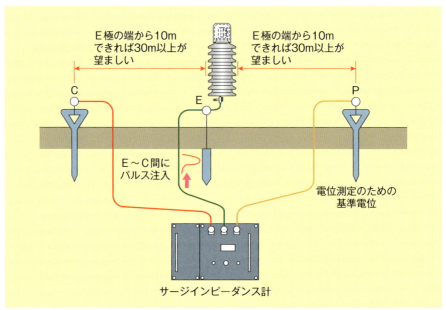

図2・11-4 ●測定回路

写真2・11-8 ●サージインピーダンス計

写真2・11-9 ●測定状況

ピーダンス計です。サージインピーダンスの測定は、図2・11-4のように接地極に1A程度のパルス状の電流を流して、そのときの電位上昇からサージインピーダンスを測定します。写真2・11-9は、サージインピーダンスを測定しているところです。

8 避雷器の保守

　避雷器は静止機器で、かつ動作頻度が少ないため、保守点検がおろそかになりがちです。しかし、適切な管理が行われていないと、雷サージの侵入時に高圧機器を保護できない場合があるので、日常の保守点検が重要です。主な点検内容は次の通りです。

- がい管に著しい汚れやクラックがないか。
- 線路側端子にリード線がしっかり固定されているか。
- 接地側端子に接地線がしっかり固定されているか。
- 支持バンドがさびていないか。ねじのゆるみはないか。
- 絶縁抵抗値が規定値（1 000 MΩ）以上あるか。

などを確認します。写真2・11-10は、キュービクルに設置してある3極連動式の避雷器です。線路側接続部の受金具がずれて接触不良になっているのがわかります。このような状態では、放電時に大きな事故になるおそれがあります。

写真2・11-10 ●線路側接続部の異常

2・12 計器用変成器・指示計器

1 計器用変成器とは

　計器用変成器には、計器用変圧器と変流器があります。高圧設備は低圧設備と異なり直接測定は危険性が高いので、この計器用変成器で低電圧・小電流に変成して、指示計器や保護継電器に供給します。このように、計器用変成器は電圧や電流を検知するセンサの役割を担っていますので、高い信頼性が要求されます。計器用変成器の規格には、使用目的に応じて次のようなものがあります。

(1) JIS C 1731
　商用周波数範囲における標準用及び一般計測用の計器用変成器についての規格です。この規格は、JIS C 1731-1（変流器）と JIS C 1731-2（計器用変圧器）とで構成されています。

(2) JIS C 4620
　これは、キュービクル式高圧受電設備の規格ですが、この中の付属書1で規定しているものです。定格周波数 50 Hz 又は 60 Hz、公称電圧 6.6 kV のキュービクルに使用するモールド形変流器の規格です。

(3) JEC 1201
　商用周波数範囲において、保護継電器とともに使用する計器用変成器についての規格です。

2 計器用変圧器（VT）

(1) 原　理
　計器用変圧器の原理は一般の変圧器と同じですが、計測が目的なので容量は小さく、精度が高いという特徴があります。また、計器用変圧器の二次側に接続される負荷は一般の負荷とは異なり、計器類や保護継電器なので、これを「負担」と呼んでいます。等価回路を図2・12-1に示します。

(2) 選　定
①確度階級
　計器用変圧器の精度を示すもので、二次側に接続する計器や保護継電器の

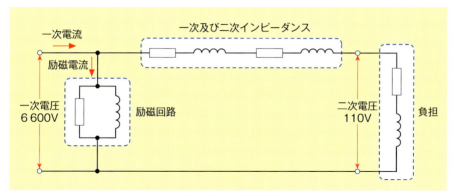

図2·12-1 ●等価回路

表2·12-1 ●確度階級と定格負担(JIS C 1731-2)

確度階級	呼称	主な用途	定格負担〔VA〕					
0.1級	標準用	計器用変圧器試験用の標準器又は特別精密計測用	10	15	25	—	—	—
0.2級			10	15	25	—	—	—
0.5級	一般計測用	精密計測用	—	15	—	50	100	200
1.0級		普通計測用、配電盤用	—	15	—	50	100	200
3.0級			—	15	—	50	100	200

性能に適したものを選定します。キュービクルの指示計や一般計測用としては、通常JIS C 1731-2の1.0級又は3.0級が使用されます。確度階級1.0級は、定格電圧の70〜110%において比誤差(変圧比誤差)が±1%です。

なお、一般保護継電器用としては、JEC 1201の1P級、3P級が使用されます。

②**定格負担**

二次側に接続される計器類や保護継電器の負担の合計よりも大きいものを選定しますが、大きすぎると比誤差が大きくなります。一般に、定格負担の25〜100%の範囲で使用します。

計器用変圧器の確度階級と定格負担の組み合わせを表2·12-1に、銘板例を写真2·12-1に示します。

(3) 構 造

計器用変圧器は一般の変圧器と同様に、一次巻線、二次巻線及び鉄心から構成されています。定格電圧は一次側が6 600V、二次側が110Vです。絶縁方式には、以前は乾式ワニス絶縁が使用されていましたが、現在では耐吸

写真2・12-1 ●計器用変圧器の銘板例

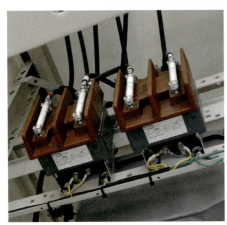

写真2・12-2 ●計器用変圧器　　　　　　図2・12-2 ●構　造

湿性と絶縁性に優れたエポキシ樹脂やブチルゴムなどを使用したモールド形のものが使用されています。**写真2・12-2**はエポキシ樹脂でモールドした計器用変圧器で、キュービクルに設置したものです。また、**図2・12-2**には、この計器用変圧器の構造を示します。

（4）接続方式

　高圧需要家では**図2・12-3**のように、計器用変圧器2台をV接続して使用する方式が一般的です。これにより三相電源の各線間電圧（R-S、S-T、T-R）を測定できます。

　計器用変圧器の高圧（一次）側のヒューズは過負荷による焼損防止が目的ではなく、計器用変圧器の絶縁破壊時や端子短絡時に計器用変圧器を主回路から切り離すことが目的です。このため、十分な遮断能力を持ったものを使用します。通常は、**写真2・12-3**のような定格電流1A、遮断電流40kA程

2・12 計器用変成器・指示計器

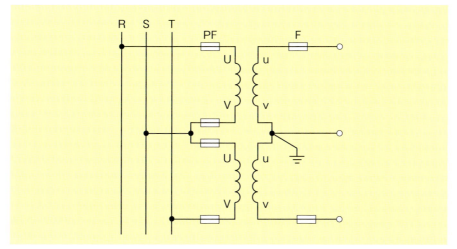

図2・12-3 ●計器用変圧器の接続図

写真2・12-3 ●高圧側ヒューズ

写真2・12-4 ●低圧側ヒューズ

度のものが使用されます。

　低圧(二次)側のヒューズには、**写真2・12-4**のようにガラス管ヒューズが使用されます。このヒューズは、計器用変圧器の制限負荷を考慮して選定します。制限負荷とは、計器用変圧器の温度上昇が規定値を超えることなく使用できる最大負荷のことです。モールド形の場合は、定格負担の2〜3倍程度です。

(5) 電圧計

　高圧用の計器用変圧器の変圧比は60なので、二次側の電圧を60倍したものが一次側の電圧です。したがって、**写真2・12-5**のように入力電圧の

写真 2・12-5 ●電圧計

写真 2・12-6 ●電圧計切替スイッチ

写真 2・12-7 ●切替スイッチ付き電圧計

60倍の電圧値を目盛っておけば、一次側の電圧を直読できます。

　三相電源の各線間電圧を表示するには、3個の電圧計が必要ですが、通常は電圧計を1個設置して、切り替えて表示します。写真2・12-6は電圧計切替スイッチ(VS)です。

　電圧計には、写真2・12-7のように、切替スイッチと一体になったものもあります。

（6）　試験用端子

　写真2・12-8は、保護継電器の試験や計器類の校正のための電圧試験用端子（VTT）です。この電圧試験用端子は締付形ですが、他にプラグ形もあります。一次側と二次側を接続している接続バーを外すと、計器用変圧器は切り離されます。しかし、誤って相間を接続すると短絡となり、二次側保護ヒューズが溶断するので、注意が必要です。

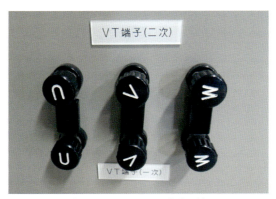

写真2・12-8 ●電圧試験用端子

3 変流器（CT）

（1）原 理

　変流器の原理も計器用変圧器と同様に、一般の変圧器と同じです。変流器の二次側定格電流は**5A**が一般的ですが、**1A**のものもあります。変流器の誤差の主な原因は励磁電流によるものです。このため、通常は励磁電流に相当する分だけ二次巻線の巻数を減らしておきます。これを「**巻戻し**」と呼びます。

（2）選 定

① 定格一次電流

　変流器の定格一次電流は、最大負荷電流を想定して、この値に余裕を持たせて選定する必要があります。受電設備や変圧器回路では負荷電流の1.5倍程度、電動機回路では2～3倍程度を選定するのが一般的です。負荷電流に比べて定格一次電流が大きすぎると、二次電流の値が計器や保護継電器の定格に対して小さくなるので、適切な計測や保護ができなくなるおそれがあります。

② 確度階級

　変流器の精度を示すもので、二次側に接続する計器や保護継電器の性能に適したものを選定します。キュービクルの指示計や一般計測用としては、通常JIS C 1731-1の1.0級又は3.0級が使用されます。確度階級1.0級は、定格電流において比誤差（変流比誤差）が±1％です。

　なお、一般保護継電器用としては、JEC 1201の1P級、3P級、1PS級、3PS級などが使用されます。

③ **定格負担**

変流器の二次側に接続される計器類や、保護継電器で消費される皮相電力の合計より大きいものを選定します。変流器の場合は、二次配線の負担が無視できないのでこれも考慮します。

使用負担が定格負担を超えると、比誤差が大きくなるので注意が必要です。

④ **定格耐電流**

規定の性能を保証できる過電流の限度のことです。定格過電流強度（過電流を定格一次電流で割った値）又は定格過電流（過電流の値）で表します。

変流器の一次側に流れる最大電流（短絡電流）を計算し、その値以上のものを選定します。

⑤ **過電流定数**

過電流定数とは、定格負担、定格周波数において、比誤差が－10％になるときの一次電流と定格一次電流との比のことで、nで表し、$n > 5$、$n > 10$などと表します。過電流領域の特性を示すもので、指示計として使用する場合は不要ですが、保護継電器用の場合に必要となります。

過電流定数は負担により変化するので、実際に使用する負担における過電流定数は次式で計算されます。

$$使用負担時の過電流定数 = n \times \frac{定格負担＋変流器の内部損失}{使用負担＋変流器の内部損失}$$

変流器の確度階級と定格負担の組み合わせを**表2・12-2**に、銘板例を**写真2・12-9**に示します。

（3）構　造

通常、一次巻線と二次巻線をエポキシ樹脂でモールドし、それに鉄心を取り付けたコイルモールド形が使用されます。**写真2・12-10**はコイルモー

表2・12-2 ●確度階級と定格負担（JIS C 1731-1）

確度階級	呼　称	主な用途	定格負担〔VA〕				
0.1級	標準用	変流器試験用の標準器又は特別精密計測用	5	—	15	25	—
0.2級			5	—	15	25	—
0.5級	一般計測用	精密計測用	—	—	15	25	40
1.0級		普通計測用、配電盤用	5	10	15	25	40
3.0級			5	10	15	25	40

2·12 計器用変成器・指示計器

写真2·12-9 ●変流器の銘板例

写真2·12-10 ●変流器

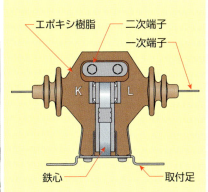

図2·12-4 ●構　造

ルド形の変流器で、キュービクルに設置したものです。また、図2·12-4にはこの変流器の構造を示します。

（4） 接続方式

　計器用変圧器と同様に、変流器2台をV接続して使用する方式が一般的です。図2·12-5のように接続することにより、三相電源の各線電流（R、S、T）を測定できます。

　変流器の二次回路は開放されないように、ヒューズなどの過電流保護装置は設けません。

（5） 電流計

　変流器の変流比は一次側の定格電流によって変わりますが、写真2·12-11のように変流比に応じた電流値を目盛っておけば、一次側の電流を直読

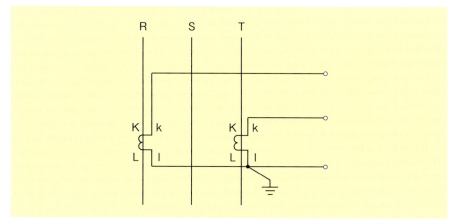

図2・12-5 ●変流器の接続図

写真2・12-11 ●電流計

写真2・12-12 ●電流計切替スイッチ

写真2・12-13 ●切替スイッチ付き電流計

写真2・12-14 ●電流試験用端子

写真2・12-15 ●電流試験用端子短絡

できます。

また電流計も、電圧計と同様に1個設置して切り替えて表示します。**写真2・12-12**が電流計切替スイッチ（AS）、**写真2・12-13**は切替スイッチと一体になった電流計です。電流計の切替スイッチは電圧計と異なり、切替時に瞬時でも開放されないようになっています。

（6）試験用端子

写真2・12-14は、保護継電器の試験や計器類の校正のための電流試験用端子(CTT)です。変流器一次側に電流が流れている状態で二次側を解放すると、二次巻線の打ち消し磁束がなくなり、鉄心が過励磁状態になり異常電圧が発生します。このため、試験などで接続バーを外す場合は、先に変流器側を**写真2・12-15**のように短絡する必要があります（電流試験用端子の接続バーは各相に2個ずつあるので、開放しないで接続できます）。

4 零相変流器（ZCT）

零相変流器は地絡電流を検出する変流器で、地絡継電器と組み合わせて使用します。電源線が一次巻線となり、**写真2・12-16**のように、零相変流器の貫通穴に三相電源の3線を貫通させます。二次巻線は、鉄心に巻いた巻線で出力側となります。

正常時は三相電流のベクトル和は相殺されて0ですが、地絡すると大地を電路とし電流が流れて、ベクトル和が0にならないので、地絡電流を検出できます。**写真2・12-16**は引込ケーブルに設置した零相変流器です。また、**写真2・12-17**は零相変流器の試験用端子です。この端子には零相変流器を貫通している電線が接続されているので、ここに試験電流を流して試験します。

写真2・12-16 ●零相変流器

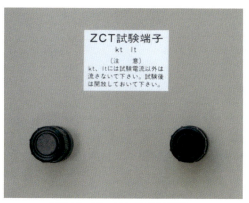
写真2・12-17 ●試験用端子

5 零相計器用変圧器（ZVT）

　接地形計器用変圧器（EVT）は、地絡時に発生する零相電圧を検出する機器ですが、高圧需要家には設置できません。これは、受電設備の地絡検出用として接地形計器用変圧器を設置すると、系統の中性点が多重接地になって保護継電方式に影響することと、地絡事故時に事故点探査を行うための絶縁抵抗測定が困難になるためです。

　このため、一般の配電線から受電する設備で零相電圧が必要な場合には、零相計器用変圧器（ZVT）を使用します。ZVTは、図2・12-6のようにコンデンサを使用して、地絡故障時に発生する零相電圧を分圧して、零相電圧に

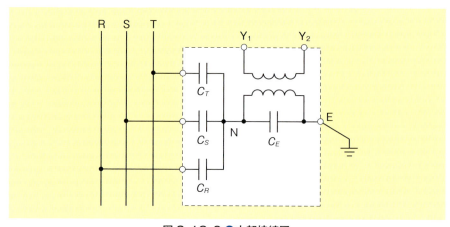
図2・12-6 ●内部接続図

比例した電圧を取り出すものです。

　写真2・12-18は検出用コンデンサ、写真2・12-19は検出器で、これらを組み合わせて使用します。また、写真2・12-20は検出用コンデンサと検出器が一体となった機器です。

写真2・12-18 ●検出用コンデンサ

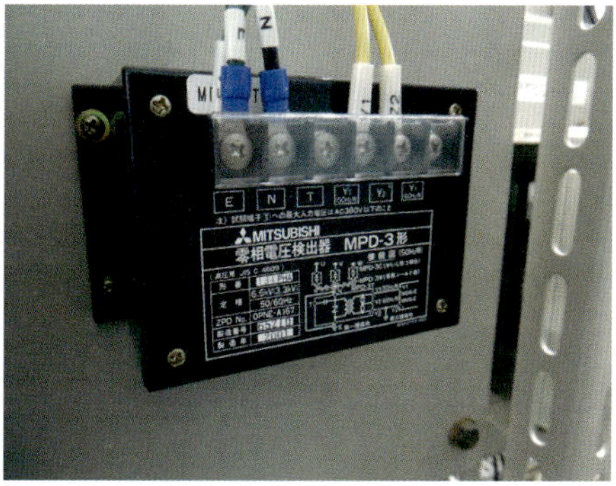

写真2・12-19 ●検出器

写真2・12-20 ●零相計器用変圧器

2・13 保護継電器

1 種類と動作

電気設備で短絡や地絡のような事故が発生したときに、これを検出して事故回路を切り離す指令を発するのが、保護継電器です。保護継電器は、事故の拡大、あるいは変圧器や電動機などの機器の損傷を防止するために設置します。したがって、保護継電器は、正常時には絶対に動作せず、事故時には確実に動作しなければならないので、高い信頼性が要求されます。

表 2・13-1 ●保護継電器の種類

名称	略称	動作
過電流継電器	OCR	変流器（CT）で検出した、過負荷・短絡電流が OCR の整定値以上になると動作する。限時要素と瞬時要素とがある。
地絡継電器	GR	零相変流器（ZCT）で検出した地絡電流が整定値以上になると動作する。
地絡方向継電器	DGR	地絡電流の大きさと方向が DGR の整定値以上になると動作する。地絡電流の方向は、地絡電流と地絡電圧の位相から判別する。
不足電圧継電器	UVR	電圧が整定値以下に低下したときに動作する。電圧低下の警報や予備発電機の起動指令に使用される。

写真 2・13-1 ●受電盤の保護継電器

高圧受電設備の主な保護継電器の種類を、**表2・13-1**に示します。また、保護継電器の実際の設置例を**写真2・13-1**に示します。ここでは、受電盤の前面扉の下部に組み込まれています。

2 過電流継電器（OCR）

（1） 動作要素

過電流継電器（以下 OCR）は、電路の短絡や負荷の過負荷による過電流を変流器（CT）により取り出し、その電流値の大きさによって動作する継電器です。一般に、JIS C 4602（高圧受電用過電流継電器）に規定される過電流継電器が使用されます。

過電流継電器には、**限時要素**と**瞬時要素**の二つの動作要素があります。限時要素は、電流の大きさが大きくなるにしたがって早い時間で動作するように、反限時特性を持っています。瞬時要素は瞬時に動作します。どちらの要素が働いたかは、継電器自身が備えている動作表示器で区別が付き、事故処理に役立ちます。

（2） 構　造

OCRには**誘導形**と**静止形**があります。**写真2・13-2**は誘導形です。誘導形は、移動磁束により回転円板（**写真2・13-3**）に渦電流を発生させて、この渦電流と移動磁束との相互作用により生じる回転トルクを利用したものです。円板が回転して、円板の軸に取り付けられた可動接点が固定接点と接触したときにOCRが動作します。移動磁束を発生させる方式には、**変圧器形とくま取りコイル形**があります。

写真2・13-2 ●誘導形OCR

写真2・13-3 ●回転円板

写真 2・13-4 ●静止形 OCR

写真 2・13-4 は静止形です。静止形は電源回路、電流整定回路、レベル検出回路、時限回路、表示回路など、主要部分が電子回路で構成されています。機械的構造がなく、トランジスタやダイオード、IC、抵抗、コンデンサなどの電子部品をプリント基板に取り付けたものを使用しています。最近は静止形が主流となっています。

(3) 動作方式

OCR には、遮断器の引外し方式により、**電圧引外し方式**と、**CT 二次電流引外し方式**とがあります。これは遮断器の引外しコイルを動作させる電源の違いですが、引外し方式の違いにより OCR も異なります。

電圧引外し方式は、バッテリーあるいはコンデンサなどを遮断器の引外し電源とするものです。写真 2・13-5 は遮断器引外し用のバッテリー、写真

写真 2・13-5 ●引外し用バッテリー

写真 2・13-6 ●引外し用コンデンサ

写真 2・13-7 ● CT 二次電流引外し方式 OCR

2・13-6 は遮断器引外し用のコンデンサです。

　CT 二次電流引外し方式は、CT の電流により過電流継電器が動作すると、その電流を遮断器の引外しコイルに流し、これにより遮断器を引外すものです。この方式は、電圧引外し方式のように他に電源を必要とせず経済的なので、通常はこの方式が採用される場合が多い。写真 2・13-7 は、CT 二次電流引外し方式 OCR の裏面の端子です。C_1、C_2 端子から入った CT 二次電流は T_1、T_2 端子から出て遮断器のトリップコイルに流れます。

（4） 保護協調

　OCR はタップとダイヤルを変えることにより、動作特性を調整することができますが、電力系統全体の中で保護協調がとれていなければなりません。なお、ダイヤルやタップを適正な値に設定することを**整定**といいます。

　受電設備に設置される OCR の保護協調を検討するのに必要な項目には、次のようなものがあります。

- 需要家構内における短絡・過負荷事故において確実に動作すること（インピーダンスマップを作成して故障電流を算出する）。
- 上位系統にある電力会社の配電用変電所 OCR との動作協調がとれていること(OCR の慣性特性や遮断器の全遮断時間も考慮する)。
- 需要家内の分岐フィーダ用 OCR とも動作協調がとれていること。
- 低圧側事故によって受電 OCR が動作しないように、低圧側 MCCB と動作協調がとれていること。
- 遮断器を投入したときに流れる変圧器の励磁突入電流により、OCR の瞬時要素が動作しないこと。

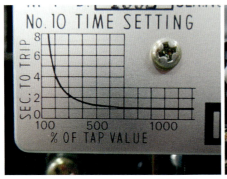
写真2・13-8 ● OCRの特性曲線

写真2・13-9 ● 誘導形OCRの整定

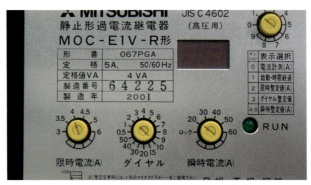
写真2・13-10 ● 静止形OCRの整定

● 事故時に変圧器、遮断器、ケーブル、CTなどの機器は、故障電流に耐えられること。

(5) 整　定

OCRの銘板には、**写真2・13-8**のように特性曲線が記載されています。縦軸が動作時間、横軸が電流値です。この曲線は、反限時特性を表しており、比較的小さな過負荷では動作時間が長く、過大な過負荷では短時間で動作するようになっています。

動作時間はダイヤルが10の場合の動作時間、電流は整定タップ値に対する〔％〕で表示されます。また、これとは別にOCRには瞬時要素があり、短絡電流などの大電流が流れた場合には瞬時に動作します。

写真2・13-9は誘導形OCRの整定例です。このOCRでは、限時要素は4A、瞬時要素は40A、ダイヤルは8に整定されています。

写真2・13-10は静止形の整定例です。このOCRでは、限時要素は

4A、瞬時要素は20A、ダイヤルは10に整定されています。

3 地絡継電器（GR）

（1）目 的
　地絡継電器（以下 GR）は電路におけるケーブルや電気機器の絶縁が劣化、又は破壊し、電路と大地間が接触する事故を検出する継電器です。受電設備に設置される GR は需要家構内で地絡事故が発生した場合、受電の遮断器を遮断して配電線への波及を防ぐ目的で使用されます。このため上位（電力会社の配電用変電所）との保護協調を必要とします。一般に、JIS C 4601（高圧受電用地絡継電装置）に規定される GR が使用されます。

（2）保護方式
　地絡継電装置は、地絡電流を零相変流器（ZCT）と地絡継電器（GR）の組み合わせで検出し、主遮断装置を遮断させるものです。PF・S 形の受電設備に GR を設置した場合には、図2・13-1 のような接続になります。

　構外（受電設備の一次側）で地絡事故が発生すると、地絡電流の一部が大地を経由し構内の対地静電容量に流入し、母線内を通過し ZCT を通って外部に流出します。構内の対地静電容量が大きいと、この電流が、GR の整定値以上になり、**不必要動作**（もらい動作）する場合があります。したがって、GR は構内の対地静電容量が小さい（構内の高圧ケーブルの亘長が短い）場合に採用する方式です。

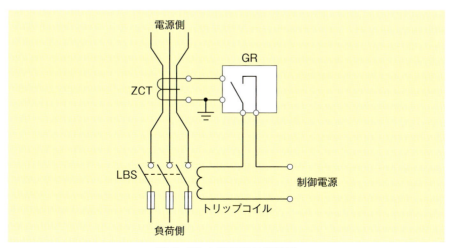

図2・13-1 ● GR の接続例

写真 2・13-11 ● 静止形 GR　　写真 2・13-12 ● GR の接続図

GR の整定値（感度電流）は、次の式で求めます。

$$\text{GR 整定値〔mA〕} \geq \text{余裕係数}(2) \times \text{構内対地充電電流〔mA〕}$$

一般に、GR の整定値は **200 mA** とするので、構内対地充電電流が 100 mA 以上になると、整定値を超えて不必要動作のおそれがあります。これは、高圧 CV ケーブル $60\,\text{mm}^2$ の場合では、60～70 m に相当します。したがって、これ以上の亘長のケーブルがある場合は、GR は使用できません。

(3) 構　造

写真 2・13-11 は、キュービクルに設置した GR です。地絡電流と動作時間を整定するダイヤル、テストボタン、動作確認用の表示器などで構成されています。

GR は ZCT と組み合わせて使用しますが、6.6 kV 配電線は非接地系なので、地絡時には大きな電流は流れません。このため、検出のためには高感度にする必要があり、通常は増幅器を内蔵した静止形の GR が使用されます。したがって、GR には制御電源（AC 100 V）が必要です。写真 2・13-12 は接続図ですが、P_1～P_2 端子が制御電源です。

4　地絡方向継電器（DGR）

(1) 目　的

GR は整定値以上の地絡電流を検出すると動作しますが、地絡電流の流れる方向を識別できないので、対地静電容量の大きい需要家では、外部の地絡事故で動作（もらい動作）する場合があります。

このため、地絡事故時に検出される零相電圧を取り込んで、この零相電圧

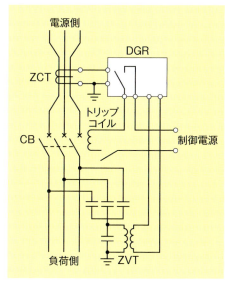

図 2・13-2 ● DGR の接続例

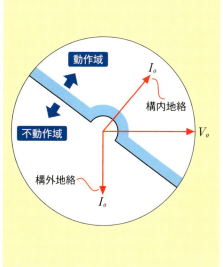

図 2・13-3 ● 動作領域例

と零相電流の位相から、地絡電流が需要家に流入するのか流出するのかを判別する機能を持たせたものが、地絡方向継電器（以下 DGR）です。これにより、需要家の内部事故のみで動作させることが可能になります。一般に、JIS C 4609（高圧受電用地絡方向継電装置）に規定される DGR が使用されます。

（2）保護方式

地絡方向継電装置は、零相変流器（ZCT）、零相計器用変圧器（ZVT）、地絡方向継電器(DGR)の組み合わせで検出し、主遮断装置を遮断させるものです。CB 形の受電設備に DGR を設置した場合には、図 2・13-2 のような接続になります。また、図 2・13-3 は DGR の動作領域例です。

（3）構　造

写真 2・13-13 は、キュービクルに設置した DGR です。整定ダイヤルは、**地絡電流、地絡電圧、動作時間**の三つあります。その他、テストボタン、動作確認用の表示器などで構成されています。一般に、受電設備用の DGR の整定値は、**地絡電流は 200 mA、地絡電圧は 5%**（完全地絡が 100%）、**動作時間 0.2 秒程度**としています。しかし、実際の整定では配電用変電所との保護協調が必要なので、電力会社と協議して決めなければなりません。他の保護継電器も同様です。

また、主遮断装置に DGR を設置した場合、引込ケーブルは主遮断装置の

写真2·13-13 ●キュービクルのDGR

写真2·13-14 ● PASのDGR

電源側のため、地絡保護ができません。引込ケーブルを保護するためには、区分開閉器（PAS）に地絡保護装置を付ける必要があります。**写真2·13-14** は、PASに付属しているDGRです。ZCTやZVTはPAS本体に内蔵されています。

5 不足電圧継電器（UVR）

電路に短絡などの故障が発生すると電圧が異常に低下して、正常運転ができないおそれがあります。場合によっては機器が損傷することもあります。また、配電線が停電することもあります。このような場合に動作するのが不足電圧継電器（以下UVR）です。一般にUVRは、計器用変圧器の二次側に接続され整定値以下に電圧が低下すると、遮断器を開放します。非常用発電

写真2·13-15 ●誘導形UVR

写真2·13-16 ●静止形UVR

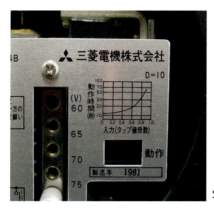

写真 2·13-17 ● UVR の特性曲線

機がある場合は、UVR により自動始動させます。

　写真2・13-15は誘導形の UVR です。電圧整定タップと動作時間整定ダイヤル、動作確認用の表示器などで構成されています。

　写真2・13-16は静止形の UVR です。電圧整定ダイヤルと動作時間整定ダイヤル、テストボタン、動作確認用の表示器などで構成されています。

　UVR の銘板には、**写真2・13-17**のように特性曲線が記載されています。縦軸が動作時間、横軸が電圧値です。この曲線から比較的小さな電圧低下では動作時間が長く、過大な電圧低下では短時間で動作することがわかります。

　動作時間はダイヤルが 10 の場合の動作時間、電圧は整定タップ値に対する倍数で表示されます。

コラム 14 デジタル形保護継電器　*column*

　高圧受電設備の保護継電器は、誘導形（機械式）から、静止形（トランジスタ、アナログ回路方式）を経て最近は、デジタル形（デジタル、ソフトウェア演算方式）が使用されるようになってきました。

　デジタル形保護継電器は、高性能な CPU を搭載して高速デジタル演算を行うことにより、従来にはない様々な機能を実現しています。引外し判定はソフトウェアで行うので、高精度でかつ経時変化が少なく、安定性に優れています。また、各種計測機能や常時状態監視機能、あるいは定期的な自動点検機能を有するものもあり、保守点検が容易になりシステムの信頼性向上に役立ちます。

　デジタル形保護継電器は発展段階であり、今後のさらなる高機能化が期待できます。

2・14 接地装置

1 役割と種類

　接地は、アース（earth）ともいい、電路や金属部を大地と接続することです。大地は非常に安定した電位を持っており、大地と電路や金属部を接続することで電位が安定します。電気機器の外箱や電気回路の中性点など、その用途に応じて適切な接地を行わなければ、感電事故や機器の不具合、故障などにつながります。

　接地には、**系統接地**と**機器接地**の2種類があります。系統接地は変圧器の二次側の接地など、電路全体を大地と接続するもので、変圧器内部の事故により高圧側の電圧が低圧側へ侵入するのを防止するのが目的です。一方、機器接地は、電気機器本体、架台、外箱など個別の機器類に施す接地で、人体への感電防止、漏電による火災の防止、保護装置の確実な動作などを目的とします。具体的には、A種からD種までの4種類の接地があります。

（1） A種接地工事

　高圧用又は特別高圧用の機器の外箱、又は鉄台の接地です。人体が感電した場合、接地線がなければすべての漏電電流が人体を通過します。しかし、接地線があれば、人体と接地線に電流が分流されるため、被害をより小さくできます。A種接地工事では、10 Ω以下の接地抵抗値を確保しなければなりません。**図2・14-1**はPAS、**写真2・14-2**は進相コンデンサですが、

写真2・14-1 ● PASの接地

写真2・14-2 ● 進相コンデンサの接地

どちらも高圧機器ですので、A種接地となります。
（2） B種接地工事
　高圧又は特別高圧と低圧を結合する変圧器の中性点の接地です。ただし、低圧側が300V以下で中性点に接地を施せない場合は、その一端子に接地をとります。
　B種接地工事は、高圧の電路と低圧の電路が接触したときに、低圧側の電圧を上昇させないようにするための接地です。B種接地線がないと、変圧器の故障で高圧と低圧が接触（混触という）した場合、低圧の200Vや100Vの電路に高圧の6 600Vが流入してきます。B種接地工事の接地抵抗値は、配電線の1線地絡電流の大きさにより決定されます。100Ω近い場合もありますし、20Ω前後の場合もあります。電力会社に問い合わせて数値を確認します。
　写真2・14-3と写真2・14-4は、変圧器にB種接地を施した状況です。
（3） C種接地工事
　300Vを超える低圧用の機器の外箱又は鉄台の接地です。主に、400Vで使用している電動機やファン類の接地です。接地抵抗値は、A種と同様に10Ω以下です。写真2・14-5のコンプレッサは、400Vの電動機を使用していますのでC種接地となります。
（4） D種接地工事
　300V以下の低圧用の機器の外箱又は鉄台の接地です。住宅や業務用施設の照明、コンセント、換気扇や冷蔵庫などの接地工事です。接地抵抗値は100Ω以下となっています。写真2・14-6は200Vの水銀灯です。安定器にD種接地が施されています。また、写真2・14-7は空調の室外機ですが、これにもD種接地が施されています。

写真2・14-3 ●電灯変圧器の接地

写真2・14-4 ●動力変圧器の接地

写真2・14-5 ● 400Vコンプレッサ

写真2・14-6 ●水銀灯安定器

写真2・14-7 ●室外機

2 接地装置

（1） 接地端子台

A種からD種の接地の中継や、接地抵抗測定などを行うための試験用の端子台を、接地端子台と呼びます。接地端子台は、電気室内やキュービクル内部など受電設備の付近に設置し、電気設備の点検時に使用します。接地端子台を箱に収納したものが、**接地端子盤**です。

接地端子台には、E_p端子やE_c端子を設けることにより、各種端子の接地抵抗値をその場で測定できます。端子はねじ留めされているだけですので、接地の切り離しを伴う試験なども簡単に行えます。**写真2・14-8**はキュービクルの接地端子台、**写真2・14-9**は電気室の接地端子盤です。

また、**写真2・14-10**のキュービクル内の銅バー（ニッケルメッキ）は、接地母線として使用しています。

写真2・14-8 ●キュービクル接地端子台　　写真2・14-9 ●電気室接地端子盤

写真2・14-10 ●接地用銅バー

（2）接地極

　接地極は銅板や銅棒あるいは亜鉛メッキした鉄棒などに、銅線を接続して地中に埋め込み、あるいは打ち込みます。接地極は、なるべく水分を含み、酸類など金属を腐食させるような成分を含まない場所を選ぶようにします。写真2・14-11は、接地極を埋設するために地面を掘削したところです。また、写真2・14-12は、打込工具を用いて接地棒を打ち込んでいるところです。この接地棒（1.5m）は連結式接地棒といい、規定の接地抵抗になるまで、何本でも連結して打ち込むことが可能です。

（3）埋設表示

　写真2・14-13は、接地極が埋設されている場所に設置するプレートで接地埋設標といいます。接地埋設標には、埋設年月、接地極位置、接地種別、接地抵抗値などが記載してあり、接地極の種類や埋設場所がわかるように

写真2・14-11 ●地面の掘削

写真2・14-12 ●接地棒打ち込み

写真2・14-13 ●接地埋設標

写真2・14-14 ●接地線の表示

なっています。プレートの材質には、ステンレス製や黄銅製などがあります。また、写真2・14-14は、コンクリート製の杭に表示プレートが埋め込まれたものです。この場所に接地線が埋設されていることを表しています。

2·15 非常用発電機

1 非常用発電機の役割

　わが国の電力供給の信頼性は極めて高く、停電はほとんど発生しません。しかし、雷や台風などの自然現象、あるいは他の需要家による波及事故などにより、電力供給が停止することはあります。停電は短時間であっても、生産や事業に与える影響が極めて大きいものです。また、火災などで電源供給が断たれたときでも、スプリンクラー、屋内消火栓、排煙機などの防災設備は稼働しなければなりません。このような場合に備えて、様々な場所に非常

写真2·15-1 ●屋上設置

写真2·15-2 ●屋内設置

写真2·15-3 ●地上設置

用発電機が設置されています。

写真2・15-1はビルの屋上、**写真2・15-2**は屋内の発電機室、**写真2・15-3**は屋外の地上に、それぞれ設置された非常用発電機です。

2 非常用発電機の種類

（1） 防災用（消防法における非常電源）

消防法における**非常電源（消防法上の呼び方）**は、屋内消火栓設備、スプリンクラー設備などに接続して、商用電源が遮断されても消防用設備が適切に動作できるように電源を供給する設備です。40秒以内に電圧を確立して投入することや、定格負荷で消防用設備に必要な運転時間以上連続運転できることなどが定められています。

写真2・15-4は、屋内消火栓のための消火ポンプです。停電時でも、発電機から電源が供給されます。

（2） 防災用（建築基準法における予備電源）

非常用エレベータや排煙機、非常照明などの電源として使用する**予備電源（建築基準法上の呼び方）**です。消防用設備の非常電源と同様、商用電源が遮断されても、一定時間は防災設備を動作させるためのものです（例えば、非常照明であれば、10秒以内に電圧確立・投入し、30分以上連続運転できること）。

消防法における非常電源と併用することが可能ですが、その場合は、消防法と建築基準法のどちらの基準も満

写真2・15-4 ●消火ポンプ

写真2・15-5 ●サーバー

足できるような、機種の選定が必要になります。
（3） 保安用
　避難や消火活動に使用するものではなく、商用電源が停止すると業務の継続に影響する、あるいは安全上支障があるなどの場合に設置されます。病院、通信施設、データセンターなどで使用される非常用発電機がこれに当たります。写真2・15-5は情報処理室に設置されたサーバーですが、停電時においても停止が許されないので、非常用発電機が設置されます（短時間であれば、UPS（無停電電源装置）のみで対応することもあります）。

3 発電設備の構成

　発電設備は電力を発生する発電機と、燃料を燃焼させて回転エネルギーを発生する原動機、及びこれらを動作させるための各種関連設備から構成されています。
（1） 発電機
　発電機には、同期発電機と誘導発電機があります。誘導発電機は励磁装置が不要、構造が簡単、安価などの長所がありますが、商用電源に接続しないと発電できません。したがって、非常用の発電機としては通常、同期発電機が使用されます。写真2・15-6は高圧の同期発電機、写真2・15-7は低圧の同期発電機です。励磁方式には、静止形とブラシレス形がありますが、ブラシやスリップリングがなく、保守点検の容易なブラシレス励磁方式が一般的です。
（2） 原動機
　非常用予備発電装置に使用される原動機には、ディーゼルエンジン、ガス

写真2・15-6 ●高圧発電機

写真2・15-7 ●低圧発電機

写真2・15-8 ●ディーゼルエンジン

タービンエンジン、ガスエンジンなどがあります。

①ディーゼルエンジン

ディーゼルエンジンの構造と機能は、車のディーゼルエンジンと同じです。自動始動・停止が容易で、熱効率が高い、設備費が安いなどのため、発電設備の原動機として最も多く使用されています。**写真2・15-8**は、ディーゼルエンジンの外観です。

②ガスタービンエンジン

ガスタービンエンジンは、圧縮機、燃焼器、タービンで構成されます。圧縮器で空気を圧縮して燃焼器に送り、燃料を加えて燃焼させ、高温・高圧の燃焼ガスを発生させます。この燃焼ガスでタービンを回転させ、動力として取り出します。

小形・軽量で、冷却水が不要であること、往復運動する部分がなく、回転運動を直接得られる、負荷投入に強く寒冷時の始動特性がよいなどの特徴があります。

③ガスエンジン

ガスエンジンは、燃料に都市ガスやLPGなどのガスを使用します。ディーゼルエンジンと類似していますが、燃料にガスを使用するために、排ガスがクリーンで燃焼室の汚れが少ない特徴があります。

（3） 燃料装置

原動機で使用する燃料は、A重油、軽油、灯油などが一般的ですが、ガスエンジンやガスタービンエンジンでは、都市ガスやLPGなども使用されます。

2・15 非常用発電機

写真2・15-9 ●燃料槽(発電装置組み込み形)

写真2・15-10 ●燃料槽(別置形)

写真2・15-11 ●燃料噴射ポンプ

　燃料を原動機の燃焼室まで供給する系統は、燃料槽、燃料噴射ポンプ、燃料噴射弁などで構成され、燃料の供給量は原動機の回転数の変化をガバナ(調速機)で検出して調整します。写真2・15-9は発電装置と一体となった燃料槽、写真2・15-10は単独に設置した燃料槽です。また、写真2・15-11はディーゼルエンジンの燃料噴射ポンプです。

(4) 冷却装置

　原動機を冷却する方式には、大きく空冷式と水冷式に分けられます。ガスタービンエンジンは空冷式ですが、ディーゼルエンジン、ガスエンジンは水冷式が一般的です。

　水冷式にはラジエータ式、放流式、水槽循環式、クーリングタワー方式などがあります。写真2・15-12のラジエータ式は、冷却水を補給する必要がほとんどないので、小容量の発電装置で広く使用されています。

写真 2・15-12 ●ラジエータ（ディーゼルエンジン）

写真 2・15-13 ●消音器

（5）排気装置

　排気装置は、原動機で燃焼した排ガスを外部に排出する装置です。排気管の口径は排気管の抵抗損失を考慮して選定します。騒音対策として、排気管の途中に、写真2・15-13のような消音器を設置する場合があります。

（6）換気装置

　原動機の燃焼用空気の補給、発電機室の温度上昇抑制などの目的で、換気設備を設けます。写真2・15-14は換気用ダクトです。

（7）始動装置

　原動機の始動方法には、写真2・15-15のような圧縮空気を使用した**空気始動方式**とセルモータによる**電気始動方式**とがあります。

　小容量機では取り扱いの容易な電気始動方式が一般的です。電気始動方式は充電された蓄電池でセルモータを起動して、始動する方式ですが、蓄電池の寿命が短いという短所があります。写真2・15-16は始動用鉛蓄電池、

2・15 非常用発電機

写真2・15-14 ●換気用ダクト

写真2・15-15 ●始動用圧縮空気タンク

写真2・15-16 ●始動用鉛蓄電池

写真2・15-17 ●始動用セルモータ

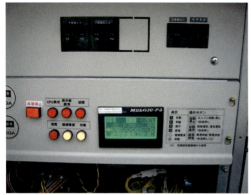

写真2・15-18●制御装置(発電装置組み込み形)　写真2・15-19●制御装置(別置形)

写真2・15-17は蓄電池で動作する始動用セルモータです。

(8) 制御装置

　制御装置は操作スイッチ、表示ランプ、計器類、始動停止回路、充電回路、保護回路など発電機を制御するものです。写真2・15-18は発電機と一体形、写真2・15-19は別置形(自立形)の制御装置です。

4 発電設備の保守点検

　非常用発電機は、商用電源が停電したときに防災負荷や重要負荷に電力を供給するという重要な役割があります。通常は待機状態で、必要時に確実に運転できなければならないので、日常の保守点検が極めて重要になります。

(1) 潤滑油

　潤滑油が不足するとエンジンが焼付きますので、写真2・15-20のレベ

写真2・15-20●潤滑油レベルゲージ　　写真2・15-21●潤滑油フィルタの交換

ルゲージで潤滑油量を確認します。また写真2・15-21のように、潤滑油フィルタも定期的に交換します。

(2) 冷却水

エンジンを冷却するために、冷却水を使用します。写真2・15-22は冷却水槽のサビにより、ボールタップが動作不良となったものです。また、写真2・15-23と写真2・15-24が冷却水漏れです。写真2・15-23の緑の液体はラジエータから漏れた冷却水（不凍液）です。写真2・15-24は、漏れた冷却水で床面が濡れているのがわかります。写真2・15-25は、冷却水ヒータですが、かなり腐食しています。このようになると保温不能になって、エンジンが始動しににくくなったり、漏電が発生したりします。ヒータの交換が必要です。

写真2・15-22 ●冷却水槽のサビ　　写真2・15-23 ●冷却水の漏れ(1)

写真2・15-24 ●冷却水の漏れ(2)　　写真2・15-25 ●冷却水ヒータの腐食

（3） 燃　料

燃料切れや燃料フィルタ交換などで、燃料系統にエアが入ることがあります。この状態ではエンジンは動作しませんので、写真2・15-26のようにエア抜きが必要です。

（4） 蓄電池

写真2・15-27は始動用の鉛蓄電池ですが、極板から活物質が剥離・脱落しています。また、封口（コンパウンド）のふくらみ、亀裂も見られます。劣化が進行しているので、交換が必要です。

写真2・15-26 ●エア抜き

写真2・15-27 ●蓄電池不良

2·16 直流電源装置

1 直流電源装置とは

　直流電源装置は直流の電気を供給する装置で、整流器と蓄電池及び付属装置で構成されています。通常は、交流電源を整流して直流を出力するとともに蓄電池を充電していますが、停電などの電源トラブル時には、蓄電池により直流電気を供給します。直流電源装置の主な負荷は、非常照明や受電設備の制御回路(開閉表示や操作電源)、計装機器などです。

　直流電源装置と同様に蓄電池を持つ電源に、写真2·16-1のような**無停電電源装置(UPS)**があります。ただし、UPSは直流電源装置と異なり、交流出力であり、サーバーやパソコンなど情報機器の電源として設置されます。

写真2·16-1 ●無停電電源装置(UPS)

2 システム構成

　直流電源装置は、図2·16-1のようなシステム構成をしています。

(1) 整流器

　サイリスタ整流器(位相制御)が代表的ですが、高調波抑制に効果があるトランジスタ整流器(PWM制御)も使用されます。

　直流電源装置で使用する整流器の定格電流は、常時負荷電流に充電電流を加えた容量以上のものを選定する必要があります。なお、蓄電池の充電時間は、鉛蓄電池は10時間率、アルカリ蓄電池は5時間率が一般的です。

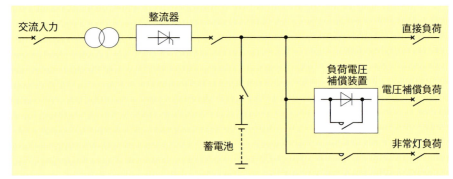

図 2・16-1 ●直流電源装置のシステム構成

（2） 負荷電圧補償装置

蓄電池は常時、浮動充電電圧で充電されていますが、均等及び回復充電のときには均等充電電圧まで電圧が上昇し、停電時には蓄電池が放電し、電圧が低下します。この電圧変動を負荷の許容範囲内に保ち、機器の故障を防止するために使用するのが、負荷電圧補償装置です。

通常、シリコンドロッパを使用しますが、これはシリコンダイオードの順方向電圧降下を利用したものです。1個当たり約 0.6 V の電圧降下があるので、必要電圧分を直列に接続します。抵抗と違い、電流の変化にかかわらず電圧降下がほぼ一定なのが特徴です。

（3） 蓄電池

鉛蓄電池と**アルカリ蓄電池**があります。鉛蓄電池は、陽極に二酸化鉛（PbO_2）、陰極に鉛（Pb）、電解液に希硫酸（H_2SO_4）を使用しており、従来から広く使用されています。

一方アルカリ蓄電池は、陽極にオキシ水酸化ニッケル（NiOOH）、陰極にカドミウム（Cd）、電解液に苛性カリ溶液（KOH）を使用しています。機械的強度に優れ、過放電にもよく耐えます。また、大電流での放電特性がよく、長寿命という多くの利点がありますが、コストが高いため、鉛蓄電池ほど一般的ではありません。

3 直流電源装置の構成

（1） 直流電源装置

直流電源装置を、**写真 2・16-2** に示します。右側の盤は直流電源盤で、変圧器、整流器、制御装置、MCCB などが収納されています。左側の盤は

写真2・16-2 ●直流電源装置

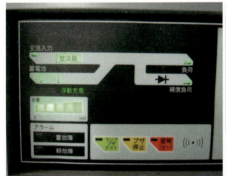

写真2・16-3 ●表示パネル(1)　　写真2・16-4 ●表示パネル(2)

蓄電池盤で、蓄電池が収納されています。
　(2)　表示部
　写真2・16-2の直流電源装置の扉に取り付けてあるのが、写真2・16-3、写真2・16-4の表示パネルです。電圧、電流、充放電時間、温度などの計測値が表示されます。また、運転状態、故障状態、各種履歴などを表示するとともに、操作や設定もできます。
　このタイプの表示パネルは、直流電源装置に関する様々な情報を表示できるので、運転管理が容易になります。
　一方、従来形の直流電源装置の表示は、写真2・16-5のようにアナログ式の指示計と表示ランプで構成されています。
　(3)　入出力部
　入出力部には、入切操作や過電流保護のために、写真2・16-6のような

写真2・16-5 ●直流電源装置の表示部

写真2・16-6 ●入出力用MCCB

MCCBが設置されます。交流入力、整流器出力、各負荷など用途別に分けられています。

(4) 鉛蓄電池

鉛蓄電池には、蓋の構造によりベント形（開放タイプ）とシール形（密閉タイプ）とがあります。

ベント形は、水の電気分解や自然蒸発によって電解液中の水分が失われるので、電解液比重を測定して、適切な補水を行う必要があります。ただし、通常は蓄電池の液口栓に触媒栓を取り付けて、補水間隔を延ばして使用します。触媒栓は、蓄電池から発生する酸素ガスと水素ガスを再結合させて水に戻す装置です。写真2・16-7は、ベント形鉛蓄電池（HS-ペースト式）の例です。

シール形は、ベント形とは異なり、発生した酸素ガスを陰極の鉛(Pb)と反

写真 2·16-7 ●ベント形鉛蓄電池の例

写真 2·16-8 ●シール形鉛蓄電池の例

応させることにより、硫酸鉛（$PbSO_4$）と水（H_2O）を生成させます。このため、補水が不要となります。通常は蓄電池内部の気密を保つため、蓋の部分に内蔵された制御弁（排気弁）は閉じた状態になっていますが、充電器の故障などにより、過大な充電電流が流れて蓄電池の内圧が上昇したときは、制御弁が開いて圧力を逃がすようになっています。**写真 2·16-8** は、シール形鉛蓄電池（MSE-制御弁式）の例です。

　蓄電池の寿命は、温度環境に大きく影響を受けます。一般に、周囲温度25℃を基準として10℃温度が上昇すると、期待寿命が半減するといわれています。設置場所の換気計画には、十分な配慮が必要です。

索 引

あ 行

- 油遮断器 …………………………… 109, 121
- アレスタ ………………………………… 166
- 暗きょ式 ………………………………… 27
- 1回線受電方式 ………………………… 12
- インバータ ……………………………… 7
- エコケーブル ………………………… 52, 81
- エコ電線 ………………………………… 51
- エポキシ樹脂製がいし ………………… 99
- 屋外用がいし …………………………… 98
- 屋外用架橋ポリエチレン絶縁電線 … 51, 96
- 屋外用高圧絶縁電線 …………………… 96
- 屋外用ポリエチレン絶縁電線 ……… 51, 96
- 屋上キュービクル ……………………… 47
- 屋内用がいし …………………………… 99
- 屋内用高圧絶縁電線 …………………… 97
- 温度計 …………………………………… 145

か 行

- がいし …………………………………… 97
- 〃 の劣化 …………………………… 99
- 外鉄形 …………………………………… 140
- 外部半導電層 …………………………… 83
- 開閉器 …………………………………… 50
- 〃 塔 ………………………………… 54
- 開放形高圧受電設備 …………………… 8
- 開放形受電設備 ………………………… 32
- 架橋ポリエチレン絶縁電線 …………… 51
- 架橋ポリエチレン絶縁ビニルシースケーブル
  ………………………………………… 80
- 架空引込 …………………………… 22, 25
- 〃   結線 ………………………… 53
- ガスエンジン …………………………… 204
- ガス開閉器 ……………………………… 64
- ガス遮断器 ……………………………… 109
- ガスタービンエンジン ………………… 204
- 過電圧継電器 …………………………… 51
- 過電流継電器 …………… 51, 58, 61, 186, 187
- 過電流定数 ……………………………… 180
- 過電流引外し …………………………… 114
- カラスの巣 ……………………………… 76
- 乾式 ……………………………………… 157
- 乾式リアクトル ………………………… 160
- 冠雪 ……………………………………… 77
- 管路式 …………………………………… 26
- 危険標識 ………………………………… 35
- 基準タップ ……………………………… 147
- 基礎 ……………………………………… 44
- 気中開閉器 ………………………… 50, 64
- キツツキ ………………………………… 92
- 逆電力継電器 …………………………… 51
- ギャップ付避雷器 ………………… 169, 170
- ギャップレス避雷器 ……………… 169, 170
- 吸湿呼吸器 ……………………………… 146
- キュービクル式高圧受電設備 ………… 9
- キュービクル式受電設備 ……………… 39
- キュービクルの基礎 …………………… 44
- 共用接地 ………………………………… 72
- 許容電流 ………………………………… 84
- 切替スイッチ …………………………… 50
- 切替スイッチ付き電圧計 ……………… 178
- 切替スイッチ付き電流計 ……………… 182
- 空気遮断器 ……………………………… 109
- 区分開閉器 ………………… 18, 20, 21, 64, 65
- 〃   のハンドル操作 …………… 75
- 軽塩じん地区 …………………………… 70
- 計器用変圧器 …………………… 49, 58, 174
- 計器用変成器 …………………… 49, 59, 102
- 計器類 …………………………………… 50
- 経年劣化 ………………………………… 90
- ケーブル標識シート ……………… 28, 29

ケーブルヘッド	52
ケーブル防護管	30
ゲタ基礎	45
検出用コンデンサ	185
建築基準法における予備電源	202
限流ヒューズ	125
高圧カットアウト	50, 134
〃 用操作棒	135
高圧機器内配線用 EP ゴム絶縁電線	97
高圧機器内配線用架橋ポリエチレン絶縁電線	97
高圧機器内配線用電線	51
高圧キャビネット	54
高圧クリート	99, 100
高圧ケーブル	23
高圧交流負荷開閉器	123
高圧受電設備	2, 4
高圧進相コンデンサ	40, 58, 60
高圧絶縁電線	23
高圧耐火ケーブル	52
高圧耐張がいし	98
高圧配電系統図	14
高圧引下用絶縁電線	51
高圧ピンがいし	98
更新推奨時期	5
高調波対策	7
高調波発生源	7
構内第 1 号柱	53
呼吸器	145
ゴムとう管形	87
コンデンサ形接地電圧検出装置	49
コンデンサ引外し	115

さ 行

サージインピーダンス計	172
サーマルリレー	52
最大需要電力計	50
三相一括クリート	100
残留電荷	163
磁気遮断器	109
磁器製がいし	99
試験端子	52

資産分界点	18
遮断器	50, 109
遮断動作	131
遮へい銅テープ	84
重塩じん地区	69
終端接続	86
周波数計	50
周波数低下継電器	51
主遮断装置	14, 59
受電室	32
受電設備容量	17
受電方式	12
蒸着電極(SH)コンデンサ	157
小動物の侵入	43
消防法における非常電源	202
自冷式	140
真空遮断器	17, 50, 58, 109
真空電磁接触器	50
真空バルブ	110
進相コンデンサ	49
水冷式	140
ストライカ引外し	131
ストレスコーン	86
静止形 GR	192
静止形 UVR	194
静止形 OCR	188
整定	189
責任分界点	18
絶縁材料	140
絶縁診断	92
絶縁性保護カバー	39
絶縁抵抗測定	92
絶縁破壊電圧試験	151
絶縁油	151
絶縁用保護具	36
接続バー	143, 144
接地	52
接地形計器用変圧器	49
接地極	199
接地端子	52, 149
接地埋設標	199

索引

全酸価試験・・・・・・・・・・・・・・・・・・・・・・・・・・・151
全容量タップ・・・・・・・・・・・・・・・・・・・・・・・・・・・147
操作ひも・・・・・・・・・・・・・・・・・・・・・・・・・・・・・・・75
操作用フック棒・・・・・・・・・・・・・・・・・・・・・・・・・104

た 行

耐塩害形・・・・・・・・・・・・・・・・・・・・・・・・・・・・・・・87
耐塩じん汚損性能・・・・・・・・・・・・・・・・・・・・・・・・69
耐火ケーブル・・・・・・・・・・・・・・・・・・・・・・・・・・・81
耐震対策・・・・・・・・・・・・・・・・・・・・・・・・・・・・・・・46
耐燃性ポリエチレン絶縁電線・・・・・・・・・・・・・・・51
タイムラグヒューズ・・・・・・・・・・・・・・・135, 136
ダイヤル温度計・・・・・・・・・・・・・・・・・・・・・・・・145
タップ切換端子・・・・・・・・・・・・・・・・・・・・・・・・143
タップ調整・・・・・・・・・・・・・・・・・・・・・・・・・・・144
ダブルヒューズ・・・・・・・・・・・・・・・・・・・135, 136
多巻線・・・・・・・・・・・・・・・・・・・・・・・・・・・・・・・140
単独接地・・・・・・・・・・・・・・・・・・・・・・・・・・・・・・72
単巻線・・・・・・・・・・・・・・・・・・・・・・・・・・・・・・・140
端末処理・・・・・・・・・・・・・・・・・・・・・・・・・・・・・・86
短絡インピーダンス・・・・・・・・・・・・・・・・・・・・151
短絡時許容電流・・・・・・・・・・・・・・・・・・・・・・・・84
短絡方向継電器・・・・・・・・・・・・・・・・・・・・・・・・51
断路器・・・・・・・・・・・・・・・・・・・・・50, 58, 59, 104
地中引込・・・・・・・・・・・・・・・・・・・・・・・・・26, 54
 〃　　結線・・・・・・・・・・・・・・・・・・・・・・・・・53
中塩じん地区・・・・・・・・・・・・・・・・・・・・・・・・・70
柱上式受電設備・・・・・・・・・・・・・・・・・・・・・・・・11
直接埋設式・・・・・・・・・・・・・・・・・・・・・・・・・・・27
直流電源装置・・・・・・・・・・・・・・・・・・・・・・・・211
直列リアクトル・・・・・・・・・・・・・・・49, 60, 160
地絡過電圧継電器・・・・・・・・・・・・・・・・・・・・・・51
地絡継電器・・・・・・・・・・・・・・・51, 132, 186, 191
地絡継電装置付高圧交流気中負荷開閉器
　・・・・・・・・・・・・・・・・・・・・・・・・・・・・・・58, 59
地絡方向継電器・・・・・・・・・・・・・・51, 186, 192
墜落防止・・・・・・・・・・・・・・・・・・・・・・・・・・・・・46
低圧配電盤・・・・・・・・・・・・・・・・・・・・・・・・・・・61
ディーゼルエンジン・・・・・・・・・・・・・・・・・・・204
定格過負荷遮断電流・・・・・・・・・・・・・・・68, 126
定格コンデンサ電流開閉容量・・・・・・・・・・・・68
定格遮断時間・・・・・・・・・・・・・・・・・・・・・・・・118

定格遮断電流・・・・・・・・・・・・・・・・118, 126, 127
定格充電電流開閉容量・・・・・・・・・・・・・・・・・68
定格耐電流・・・・・・・・・・・・・・・・・・・・・・・・・・180
定格短時間耐電流・・・・・・・・・・・・・・・・・・・・・68
定格短絡投入電流・・・・・・・・・・・・・・・・68, 126
定格地絡遮断電流・・・・・・・・・・・・・・・・・・・・・68
定格負担・・・・・・・・・・・・・・・・・・・・・・・175, 180
定格容量・・・・・・・・・・・・・・・・・・・・・・・・・・・150
定格励磁電流開閉容量・・・・・・・・・・・・・・・・・68
低減容量タップ・・・・・・・・・・・・・・・・・・・・・・147
ディスコン・・・・・・・・・・・・・・・・・・・・・・・・・・104
テープ巻形・・・・・・・・・・・・・・・・・・・・・・・・・・・87
電圧計・・・・・・・・・・・・・・・・・・・・・・・・・・50, 177
 〃　　切換スイッチ・・・・・・・・・・・・・・50, 178
電圧引外し・・・・・・・・・・・・・・・・・・・・・・・・・・115
 〃　　コイル・・・・・・・・・・・・・・・・・・・・・・132
電磁接触器・・・・・・・・・・・・・・・・・・・・・・・・・・・50
テンションヒューズ・・・・・・・・・・・・・・135, 136
電線類・・・・・・・・・・・・・・・・・・・・・・・・・・・・・・・51
電動機・・・・・・・・・・・・・・・・・・・・・・・・・・・・・・・52
電流計・・・・・・・・・・・・・・・・・・・・・・・・・・50, 181
 〃　　切換スイッチ・・・・・・・・・・・・・・50, 182
電力需給用計器用変成器・・・・・・・・・49, 58, 59
電力需給用計量装置・・・・・・・・・・・・・・・・・・102
電力ヒューズ・・・・・・・・・・・・・・・・・・・・・・・・・50
電力量計・・・・・・・・・・・・・・・・・・・・・・・・50, 102
銅棒・・・・・・・・・・・・・・・・・・・・・・・・・・・・・・・・・97
トラッキング・・・・・・・・・・・・・・・・・・・・・・・・122
取引用計量器・・・・・・・・・・・・・・・・・・・・・・・・・19
トリプレックス形高圧架橋ポリエチレン
　絶縁耐燃性ポリエチレンシースケーブル・・・52
トリプレックス形高圧架橋ポリエチレン
　絶縁ビニルシースケーブル・・・・・・・・・・・・52

な 行

内鉄形・・・・・・・・・・・・・・・・・・・・・・・・・・・・・140
内部半導電層・・・・・・・・・・・・・・・・・・・・・・・・・82
鉛蓄電池・・・・・・・・・・・・・・・・・・・・・・・・・・・214
2回線受電方式・・・・・・・・・・・・・・・・・・・・・・・13
二酸化炭素消火設備・・・・・・・・・・・・・・・・・・・36

は 行

配線用遮断器・・・・・・・・・・・・・・・・・・50, 58, 61

索引

パイロットランプ……………………………… 52
箔電極(NH)コンデンサ ……………………… 157
発電機……………………………………………… 52
パワーヒューズ……………………………… 135, 136
ハンドホール……………………………………… 27, 149
引込口……………………………………………… 26
引込方式…………………………………………… 22
引外し形高圧交流負荷開閉器…………………… 50
引外しコイル……………………………………… 52
引外し方式………………………………………… 114
引外し用コンデンサ……………………………… 188
非常用発電機……………………………………… 201
ヒューズ………………………………………… 50, 135
標準動作責務……………………………………… 118
標準容量…………………………………………… 150
避雷器………………………………… 52, 58, 59, 71, 166
風冷式……………………………………………… 140
負荷開閉器………………………………………… 50
腐食性ガス………………………………………… 42
不足電圧継電器……………………………… 51, 186, 194
不足電圧引外し…………………………………… 116
不足電力継電器…………………………………… 51
フック穴…………………………………………… 107
ブッシング…………………………………… 78, 149
不必要動作………………………………………… 191
ブレード…………………………………………… 106
変圧器………………………………… 40, 49, 58, 60, 139
変流器……………………………………… 49, 179
放電コイル………………………………………… 163
放電抵抗…………………………………………… 163
保護継電器………………………………… 60, 186
保護さく………………………………………… 37, 38
保守点検通路……………………………… 33, 35, 47
ボタンスイッチ…………………………………… 52
保有距離………………………………………… 33, 41
ポリプロピレン製がいし………………………… 99

■■■ ま 行 ■■■

埋設表示…………………………………………… 28
無効電力計………………………………………… 50
無停電電源装置…………………………………… 211
モールド自冷式変圧器…………………………… 140
モールド変圧器…………………………………… 140
もらい動作………………………………………… 191

■■■ や 行 ■■■

誘導形UVR ……………………………………… 194
誘導形OCR ……………………………………… 187
雪の侵入…………………………………………… 42
油入式……………………………………………… 157
油入自冷式変圧器………………………………… 140
油入変圧器………………………………………… 140
油入リアクトル…………………………………… 160
油面温度計………………………………………… 145
予備電源…………………………………………… 202

■■■ ら 行 ■■■

雷害対策…………………………………………… 70
ラッチ……………………………………………… 107
力率改善…………………………………………… 154
力率計……………………………………………… 50
力率と電気料金…………………………………… 165
力率割引・割増…………………………………… 165
冷却方式…………………………………………… 140
零相計器用変圧器………………………………… 49
零相変流器………………………………… 49, 183
漏電遮断器………………………………………… 50
600V 2種ビニル絶縁電線 ……………………… 51
600V ビニル絶縁電線 …………………………… 51
600V ビニル絶縁ビニルシースケーブル ……… 52

■■■ 英 字 ■■■

A …………………………………………………… 50
ABB ……………………………………………… 109
AS ………………………………………………… 50
A種接地工事……………………………………… 196
BS ………………………………………………… 52
B種接地工事……………………………………… 197
C …………………………………………………… 127
CB ………………………………………… 50, 159
CB形 ………………………………………… 15, 55, 60
CB形主遮断装置 ………………………………… 15
CE ………………………………………………… 52
CE／F …………………………………………… 52
CET／F ………………………………………… 52
CH ………………………………………………… 52

219

索引

COS	50	OCR	51, 186, 187
CS	50	OE	51, 96
CT	49, 59, 179	OVGR	51
CV	52	OVR	51
〃 ケーブル	80	PAS	50, 64, 65
CVT	52	PC	50, 134, 159
〃 ケーブル	81	PD	51
C種接地工事	197	PF	50
DGR	51, 186, 192	PF・S形	16, 56, 60
DS	50, 59, 104	PGS	64, 65
DSR	51	PL	52
D種接地工事	197	RPR	51
E	52	S	50
ELCB	50	SC	49, 60
EPゴム電線	51	SH形	158
ET	52	SOG付PAS	64
EVT	49	SR	49, 60
F	50	T	49, 60, 126, 139
FP	52	TC	52
FPT	52	THR	52
G	52, 126	TT	52
GCB	109	UAS	64
GR	51, 186, 191	UFR	51
〃付PAS	21, 59, 64	UGS	64
〃の接続	191	UPR	51
G端子接地方式	93	UPS	211
HIV	51	UVR	51, 186, 194
IE/F	51	V	50
IV	51	VAR	50
KIC	51, 97	VCB	50, 109
KIP	51, 97	VCT	49, 59, 102
LA	52, 59, 73, 166	VMC	50, 159
LBS	50, 123, 159	VS	50
M	52, 126	VT	49, 59, 73, 174
MBB	109	VV	52
MC	50	WH	50
MCCB	50	Wh	102
MDW	50	ZCT	49, 59, 183
NH形	158	ZPD	49
OC	51, 96	ZVT	49
OCB	109		

220

〈著者略歴〉

田沼 和夫（たぬま かずお）

昭和50年	工学院大学工学部卒業
同年3月	（株）日水コン入社。 水処理施設の計画・設計に従事。
昭和63年	（一財）北海道電気保安協会に入会。 技術開発及び技術教育に従事。
平成26年〜	北海道科学技術大学非常勤講師
平成29年〜	田沼技術士事務所 代表
（資格）	平成7年に「第一種電気主任技術者試験」に、平成17年に「技術士（電気・電子部門）」に合格。
（著書）	カラー版 自家用電気設備の保守・管理 よくわかる測定実務（平成27年オーム社刊）

- 本書の内容に関する質問は，オーム社ホームページの「サポート」から，「お問合せ」の「書籍に関するお問合せ」をご参照いただくか，または書状にてオーム社編集局宛にお願いします．お受けできる質問は本書で紹介した内容に限らせていただきます．なお，電話での質問にはお答えできませんので，あらかじめご了承ください．
- 万一，落丁・乱丁の場合は，送料当社負担でお取替えいたします．当社販売課宛にお送りください．
- 本書の一部の複写複製を希望される場合は，本書扉裏を参照してください．
JCOPY ＜出版者著作権管理機構 委託出版物＞

大写解 高圧受電設備
－施設標準と構成機材の基本解説－

2017年 1月25日 第1版第1刷発行
2025年 6月10日 第1版第12刷発行

著　者　田沼和夫
発行者　髙田光明
発行所　株式会社オーム社
　　　　郵便番号 101-8460
　　　　東京都千代田区神田錦町3-1
　　　　電話 03(3233)0641(代表)
　　　　URL https://www.ohmsha.co.jp/

© 田沼和夫 2017

組版 アトリエ渋谷　印刷・製本 三美印刷
ISBN978-4-274-50644-4　Printed in Japan

徹底解説 図解・系統連系
―分散型電源を高低圧配電線に―

- ■小山工業高等専門学校 教授 工博 甲斐 隆章 著
- ■B5判・216頁・カラー刷
- ■本体3 000円(税別)

　電力会社が再生可能エネルギーを固定価格で一定期間買い取る「再生可能エネルギー特別措置法」の施行によって，太陽光発電や風力発電の設備が飛躍的に普及しています．これらの発電設備は，電力会社の低圧・高圧の配電線につながれ，いわゆる系統連系されて運用されることがほとんどです．電力系統の周波数や電圧，さらには系統安定度を乱すことなく連系されることが条件であり，また事故時には発電設備としての保護対策をも万全にして連系することが前提の条件でもあります．本書は，これら系統連系の基本の技術を，図解で徹底解説した発電設備者側の解説書です．

■主要目次
第1編◎分散型電源を低圧・高圧配電線へ連系するための基礎知識
第2編◎太陽光発電システムの原理と構成及び単独運転検出とFRT要件
　1. 太陽電池の原理と種類及び特性／2. 太陽光発電システムの構成／3. 単独運転検出とFRT要件
第3編◎低圧配電線への連系
　1. 分散型電源の分類(低圧連系・高圧連系共通)／2. 電気方式／3. 系統連系保護リレー／
　4. 高低圧混触事故対策／5. 単独運転防止対策／6. FRT(事故時運転継続)要件／
　7. 保護装置の設置／8. 解列箇所／9. 保護リレーの設置相数／10. 変圧器／
　11. その他の事項／12. 発電設備等設置者保護装置の構成例
第4編◎高圧配電線への連系
　1. 系統連系保護リレーの設置／2. 発電設備等故障対策と系統側事故対策／
　3. 単独運転防止対策／4. FRT(事故時運転継続)要件／5. 保護装置の設置場所／
　6. 解列箇所／7. 保護リレーの設置相数／8. 自動負荷制限／9. 線路無電圧確認装置／
　10. 保護リレー：検出レベルと検出時限及び短絡事故に関する留意点／11. 保護装置の構成例／
　12. 逆潮流の制限／13. 短絡容量／14. 連絡体制
第5編◎分散型電源の設置・運転するための諸手続き

Ohmsha

＊上記書籍の表示価格は，本体価格です．別途消費税が加算されます．
＊本体価格の変更，品切れが生じる場合もございますので，ご了承下さい．
＊書店に商品がない場合または直接ご注文の場合は下記宛てにご連絡下さい．
　TEL：03-3233-0643／FAX：03-3233-3440

電力系統

電力系統を基礎から詳しく解説！

　本書は，電力系統の構成と各要素の平常時・異常時特性，電力系統の平常時の需給，周波数や電圧の制御，事故発生時の保護と安定化対策など，電力系統全体と個別設備との関係を掴むことに配慮して解説しています。また，個々の専門書では省略しがちな基礎理論を，電気回路，力学（水力学，熱力学を含む），制御工学等関連分野をつないで丁寧に解説しています。

　電力系統に関してバランスよく全体像を掴んで本格的に学ぶときの入門書，知っているつもりでいた全体像に疑問が湧いたときのバイブルとして活用していただけるものです。

■前田　隆文 著　　■A5判・360頁
■本体3 500円（税別）

主要目次

第1章 電力系統と需給
- 1.1 電力系統の構成と特徴
- 1.2 各種電源の発電原理と特徴
- 1.3 電力の需要と供給

第2章 電力系統の構成要素と特性
- 2.1 発電機の種類・構造と特性
- 2.2 負荷特性
- 2.3 流通設備の等価回路
- 2.4 流通設備の送電特性
- 2.5 電力系統の単位法表現

第3章 電力系統の異常電圧，誘導と対策
- 3.1 電力系統の異常電圧と抑制
- 3.2 誘導障害の防止

第4章 系統周波数・電圧特性と制御
- 4.1 系統周波数の変動特性と制御
- 4.2 系統電圧・無効電力の変動特性と制御

第5章 電力系統の事故現象と解析
- 5.1 系統事故現象の分類と解析手法
- 5.2 対称座標法の基礎
- 5.3 対称座標法による実践的解析
- 5.4 短絡事故現象の定性的傾向
- 5.5 地絡事故現象の定性的傾向
- 5.6 中性点接地方式

第6章 電力系統の保護
- 6.1 保護リレーの役割と基本原理
- 6.2 送電線の保護と再閉路
- 6.3 変圧器，母線等の保護

第7章 電力系統の同期安定性と直流連系
- 7.1 電力系統の同期安定性と解析
- 7.2 同期安定性対策の考え方と対策方法
- 7.3 交流系統の直流連系・分割

第8章 配電系統・設備と運用
- 8.1 配電系統
- 8.2 配電系統の設備と運用

第9章 電力品質と電力供給システムの将来
- 9.1 高調波・フリッカの発生と影響，障害防止
- 9.2 分散型電源の系統連系技術
- 9.3 スマートグリッド

Ohmsha

*上記書籍の表示価格は，本体価格です．別途消費税が加算されます．
*本体価格の変更，品切れが生じる場合もございますので，ご了承下さい．
*書店に商品がない場合または直接ご注文の場合は下記宛てにご連絡下さい．
　TEL：03-3233-0643／FAX：03-3233-3440

カラー版 自家用電気設備の保守・管理
よくわかる測定実務

■田沼 和夫 著
■A5判・224頁　■本体2 600円（税別）

本書は，自家用電気設備の保守・管理の現場で使用する基本的な測定器や便利な測定器を取り上げて，それらの測定原理から取扱い方法，測定上の注意点まで，具体的に解説しています．又，そのポイントや注意点が理解しやすいように，カラー写真や図でよくわかるようにしています．

■主要目次
- 第1章●測定の基礎
- 第2章●電流測定
- 第3章●絶縁抵抗測定
- 第4章●接地抵抗測定
- 第5章●温度測定
- 第6章●電源品質測定
- 第7章●ブレーカ・ケーブルの事故点探査
- 第8章●環境・省エネ測定
- 第9章●電気安全・その他
- 第10章●測定器の管理

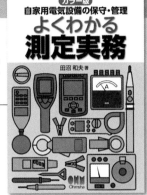

―Ohmsha―

現場に則した写真と図で,省エネルギーのポイントをわかりやすく解説

ビル・工場で役立つ
省エネルギーの教科書

■田沼 和夫 著　■A5判・224頁
■本体2 600円（税別）

ビル・工場を維持管理する設備管理技術者は,受変電設備,照明設備,空調システム,給排水設備など,さまざまな設備を総合的に管理し,またエネルギーを削減することが求められます．

本書では，2005年改正の省エネルギー法を踏まえ，各設備について電気・熱双方の面から総合的に省エネルギー技術を解説しています．また，現場で使用されている設備の写真や図をふんだんに盛り込み，具体的でわかりやすく説明しています．

主要目次
- 第1章　省エネルギーの基礎知識
- 第2章　受配電設備の省エネルギー
- 第3章　照明設備の省エネルギー
- 第4章　空調設備の省エネルギー
- 第5章　電動力設備の省エネルギー
- 第6章　熱利用設備・給排水設備の省エネルギー
- 第7章　エネルギーマネジメント

―Ohmsha―

＊上記書籍の表示価格は，本体価格です．別途消費税が加算されます．
＊本体価格の変更，品切れが生じる場合もございますので，ご了承下さい．
＊書店に商品がない場合または直接ご注文の場合は下記宛てにご連絡下さい．
TEL：03-3233-0643／FAX：03-3233-3440